青少年探索文库
QingShaoNianTanSuoWenKu

树立信心的100个哲理感悟

谷立志　编

吉林人民出版社

图书在版编目（CIP）数据

树立信心的100个哲理感悟 / 谷立志编. —长春：吉林人民出版社, 2010.10（2021.3重印）

（青少年探索文库）

ISBN 978-7-206-07064-8

Ⅰ.①树… Ⅱ.①谷… Ⅲ.①人生哲学—青少年读物 Ⅳ.①B821-49

中国版本图书馆CIP数据核字(2010)第192087号

树立信心的100个哲理感悟

编　　者：谷立志

责任编辑：赵梁爽

吉林人民出版社出版（长春市人民大街 7548 号　邮政编码：130022）

印　刷：三河市燕春印务有限公司

开　本：700mm×970mm　　1/16

印　张：13　　　　字数：110 千字

标准书号：ISBN 978-7-206-07064-8

版　次：2010 年 10 月第 1 版　　印　次：2021 年 3 月第 2 次印刷

定　价：39.00 元

目　录

为自己的人生负责

我们主宰自己的生命，控制自己的态度。影响我们的态度的，不是上司，不是工作，不是父母，也不是失败，而是我们自己。我们怎么想，怎么反应，全看我们自己。

预期发生不幸，就真的会遭遇不幸。态度消极的人总是想像着会失业、破产、与老板或员工相处不好、工作不顺，以及失败等不愉快的事情。期待霉运，霉运自然来，事实上，情形正是如此。

相反的，就事论事的积极思考方式能激励我们克服重大困难。

只要我们相信可以达到目标，这种态度就能使我们产生力量，而最终达到目标。

在生命的任何时刻，我们的态度都是由自己安排决定的。

我们可以让它帮助我们，也可以让它破坏我们。态度本身无所谓是非，它只是通往结果的方式。不管我们的目标是什么，我们的态度决定了我们的方向。不论这些目标是积极的或消极的、正确的或错误的、能够提升自己或将导致自我毁灭，态度都由我们自己决定，就像电脑依据输入的程式印出文字或表格一样。

即使在万事不顺遂的时候，只要思想积极，依然能够渡过难关，在问题得到解决或情况改变之前，保持充沛的精力，因此我们才能不致陷入泥沼，反而能够屡仆屡起。

在遭遇阻碍时，我们内心的态度反映到外在的行为上，让我们超越障碍，最终获得成功。

外界事物的变化，别人的所思所行，都不是我们的责任。我们只为自己的反应负责，这就是我们的态度。我们只替自己负责。

先酬谢我们自己

从表面上看来，这没什么新创意。先酬谢自己——再支付别人——是一个经常被谈论的观念。大部分的财经专家都明白，没有这种训练和智慧的话，绝对不可能累积雄厚的财力。这个重点是说，如果我们等到支付完每个人以后再酬谢自己的话，我们永远等不到那一天。我们根本不会剩下一分一毛。不过，尽管这一点非常重要，很少有人真正地实行这个策略。主要的原因是：忧虑。

如果我们担心拥有的不够多，我们永远都不会满足！恐惧将会阻止我们采取创造财富所需的显而易见的步骤。因此，我们所要采取的第一个也是最重要的步骤，就是在忧虑萌芽之前就防患于未然。

从这一刻起，承诺自己我们将会忽略所有的忧虑思绪，先酬谢自己，再支付别人。每天、每周或每月，只要我们自己觉得合适就行，请开一张支票给我们自己。请投资我们自己。相信我们自己。我们拥有的足够支付其他的一切。

我们会大吃一惊，不过，不论我们的收入是多少，剩下的总会足够支付我们的账单。我们将会在花费习惯上做出明智而无形的调整。我们会做出新的选择，在很短的时间内，我们就会习惯先酬谢自己，储蓄或为自己做一点投资。我们将会看到自己的存款净值增长。当这件事情发生时，我们将会看出忧虑多么具有毁灭性，过去它是多么多余。这将会创造出更多信心，它再转化为更多训练、更多有创造力的新点子。我们将会发现自己处在一种崭新的状态下，不断创造财富。

重要的关键是明白一件事：我们并不会因为收入增加就停止忧虑。秘诀在于毫无疑虑地信赖奇迹会在另一个方向奏效。首先，我们要停止忧虑，然后，我们就做创造我们应得的财富所必须做的事。

别让他人阻碍我们成功

不要在意别人的看法，多用心追求自己的目标。

为什么有那么多人任由自己的梦想消逝破灭？最主要的原因之一是受别人的影响。可笑的是，影响我们的并非敌人。很少有人会允许敌人阻挠自己追求幸福和成功。

问题在于我们的朋友，甚至是我们最亲密的朋友。我们的朋友若是消极悲观、愤世嫉俗，总是预言我们会失败，那他真的能毁灭我们！

李海就是一个深受朋友影响的人。有一次，他得到一个新的工作机会，感到非常兴奋。他可以赚更多的钱，做更有意义的事，而且在新公司里的职位比目前的职位高。但是他的邻居向他说了许多有关新公司缺点的谣言，他的妻子惋惜他这时候离职领不到全额退休金，而一位同事又说他有意跳槽是一种叛逆的行为。没多久，李海就觉得自己毫无理由换工作了，他甚至不相信自己曾为出人头地而百倍努力过。

一个朋友的破坏能力可能远超过十几个敌人。当别人经常告诉我们这个不能做，那个不能做时，别听他们的！从未因功加薪的人才会想出各种理由，告诉我们努力工作无济于事；从未达到销售目标的人才会对我们说不必尝试，因为老板设立的标准太高；念大学时被劝退的人才会认为白天工作、晚间念书攻读企管硕士是件荒谬可笑的事；从未经营过企业的工薪阶层最善于描述自己做老板的种种困难，劝我们不要自己创业。不必向人透露自己的计划，除非我们已筹划妥当，准备逐步达到目标。

积极寻访已有成就的人，向他们学习做事的方法和目标。我们若有梦想，就要大胆地相信能够实现梦想。对自己说："我做得到！"我们就真的几乎能达到每一个愿望。只要我们认为能，就能做到任何事。事情也许很难，也许要经过多年的持续辛苦工作，才能达到目标。但是生命中值得追求的事情，没有一件是很容易得到的。

我们办得到吗？可以，除非我们一试再试，否则我们不会知道这一点。

别让他人的愚行激怒我们

也许我们并不是脾气暴躁的人，也不会对所有的事情都发脾气，可是就有一两个人总是惹我们生气，他们可能是我们的老朋友、邻居或岳父。

比如，下面就有九种令人愤怒的行为，但一般人都很少察觉。

1.为别人的受害而愤怒。老王并没有直接惹我们生气，我们只是替他生气而已。他老是跟我们说别人怎么亏待他，怎么利用他；老板误解了他的意思；计程车司机如何粗鲁；连亲戚也欺骗了他。他每一次都告诉我们这些事情，我们听了以后也很气那些人，可是我们对那些人还是束手无策。

2.传播别人反对我们的谣言。他先跟我们说有个朋友或邻居批评我们，然后又要我们别说出去，他会说："你不要把我说的告诉他……”所以，我们无法和控诉我们的人摊牌，只能随别人怎么说，内心激动不已，结果只是徒增束手无策的感觉。

3.永不兑现的诺言。比如：“下个礼拜，我要为我们找个好一点的公寓。”“过了这个周末以后，我一定会戒酒。”“一年以后，我一定会比现在富有。”

4.坚持要我们也有某种感觉。老王希望我们听了某些事情后，就会变得愤怒或开始想象；要不然就是他讲完笑话以后，自己猛笑，也期待我们有相同的反应。

5.老是问一大堆问题或做一些小小的要求。不管我们帮了多少次忙，也不管我们耐心地回答了几个问题，老王总有办法让我们再帮一次忙或再答一个问题。我们迟早都会失去耐性。

6.重复告诉我们，我们做的事情不对。比如，老王总是喜欢挑我们的毛病：“你上个礼拜不是说很喜欢小苏吗？“如果你不喜欢杭州的话，三年前为什么要去那里度假呢？”或是老让我们觉得自己像个呆子：“难道你不知道快下雪了吗？”“你看不出来她已经结婚了吗？”“我实在搞不懂你为什么要这样做？”

7.时常提醒我们，他帮过我们什么忙。

8.否认别人会有敌对或不平衡的感受。在宴会里，我们刚离开一批讨厌的人，但当我们提到自己无法忍受他们的时候，老王很吃惊地看着我们说：“你实在太敏感了。”

9.不肯倾听别人的谈话。老王可以花个把钟头和我们谈他的问题，可是等我们要和他谈我们的问题时，他就说：“噢，我现在不能再浪费时间，我得回去工作。”

自主生活

也许人类最大的决策就是决定将我们的人格与他人分开或是结合。我们总是无意识地在自问："如果我长大了，能成为一位能自主的成年人吗？如果我发展了自己的潜力，表达了我的情感，那么我必须付出什么样的代价？我会孤独吗？我会被爱吗？我会有知心伙伴吗？"许多人都得出了这样一个结论：创造出一个与众不同的个性会使他们跟原来那些可依靠、能够给予温暖的人们疏远，产生隔阂。问问我们自己，"我也是这样吗？我是不是已不再坚持发展自己的智力、兴趣和创造力，因为我感到坚持自己的个性会招致社会的反对或情感的孤独？"如果回答"是"，那说明我们已经将自己的智慧和个性与我们的家人和朋友融合了，或者更糟，也许我们已经丧失了自己的个性！

我们应该重振精神，发展我们的个性。传统、团体组织和其他人为了他们自身的利益和兴趣塑造我们，给我们灌输了这样一种错误观念，即只有牺牲自己的个性方可使我们获得幸福，或避免独立存在时的情感孤独。但是，重要的是我们应该考虑自主的价值。自主是指一种能力，它可使我们充满激情地独立，欣赏我们自己个性的成果和创造性冲动。一个成熟的人不仅能够自主，而且也能拥有和谐的人际关系，这些品质并不互相矛盾。当我们能如一位自我满足的人那样赞美生活时，我们也就会更少要求别人，我们会让他们生活在愉快的空间而不再成为感情的“俘虏”。与依赖于婚姻相对的最大情感误区就是随意处置感情的需要。因此，有相当比例的一些人在并不缺少婚姻结合的情况下独自生活了许多年。如果我们已经结婚，仍有充分的理由发展我们的个性，使之趋向情感自主；如果我们还没有结婚，我们的自由时间和关系会使我们在表达自己个性的活动中享受更大的乐趣。有些人缺乏个性可又要情感自主，对于他们来说，“独处”只会鼓励他们的绝望情绪。他们倾向与身边的人建立关系，不管他们是谁，不管他们是否合适。因为一方或双方都担心自己会随时被抛弃，所以冲突不久就会发生。

让正面思考变得具体

我们在出生后，就在父母的“不可以那么做”和“不可以这样”的叱责声中，反复地接受那些负面的、否定的暗示，若是由父母的眼光来看，这是理所当然的事，因为考虑到小孩的安全，而不得不这么做。

但是，他们并不知道，那些负面的暗示会深深地刻印在我们的脑海中或潜意识里，让我们即使长大了，还是会受它们的影响，而成为一个悲观的人。而且，在日常生活中，我们也总是会以负面的态度来看待所有的事物。

有的人只要每天早上搭拥挤的车，就会感到不舒服；而有的人只要一到公司，看到老板的脸就会心情不好；或是只要他的身边有讨厌的人，就会情绪恶劣；开车的时候，要是碰上大塞车，他就会开始焦躁了起来。就像这样，在他们的日常生活中，无意识地、自然地开始了“负面思考”。如果我们想要快乐地生活在这个世界上，就一定要有意识地想些快乐的事情，一定得“正面思考”才行。

如果，我们想转换自己的想法，就一定要时常想一些能够让我们的心雀跃不已的事情。

例如：

“我好喜欢李先生！我一定要让自己变得更好，让自己能够配得上他。”

“我一定要把现在做的这个方案做得很成功，让上司好好地称赞我一番，让他觉得公司没有我是不行的。”

“再过几天，我就要去海南岛玩了，到时候，我一定要趁机好好地休息一下。”

借着这样的想法，让自己的情绪高昂起来，自己的心情也会跟着好转。每时每刻，都把正面积极的想法落实在说出的每一句话和每一行为方式上，我们就会突破烦恼的层层包围，成为一个积极乐观的人。

乐于做自己

情绪低落、处境不顺遂的时候，所能享有的乐趣就是接纳此刻的自己——一个有缺点、会改变，但不断成长而且有价值的人。要了解、喜欢自己，认为自己在某方面还不错，并不见得是妄自尊大，我们应对自己的成就感到自豪，更重要的是要乐于做此时此刻独一无二的自己。我们要了解，人类在体力和心智上虽不是生而平等，却生而具有同等的权利去追寻快乐。我们都有权相信自己值得领受生命中最美好的一切。大多数功成名就的人，即使在除了一份梦想之外一无所有的时候，仍然相信自己绝非池中之物。适当的自豪是通往成就与幸福的大门，这份特质也许比其他的任何特质都重要。英文“自豪”(Pride) 一词有五个字母，每个字母都有它代表的意义。

P——代表愉快 (Pleasure)。感觉自豪会感觉愉快，不论这种快乐的心情是由于圆满完成任务或只是单纯地喜爱自己，并且享受生命的喜悦。

R——代表尊敬 (Respect)。感觉自己是一个高尚正直、值得尊敬的人。这种感觉能引发适度而健康的自豪。

I——代表改善 (Improvement)。要记住，没有人是十全十美的，我们必须随时努力改善自己。“自豪”不致发展成“傲慢”的态度，主要的原因就在这里。

D——代表尊严 (Dignity)。有尊严就表示在内心看重自己。这是深藏心中的自敬自重，不必大声喧嚷。

E——代表努力 (Effort)。要对一件事情感到自豪，必须费些心力去做它，有价值的事情都不容易得到。再说，我们不曾花费过心血的事物，也不值得我们骄傲。自豪是对于自己努力的成果感到愉快。

可以操纵的技巧——态度

我们的态度是积极或是消极，将决定别人乐于和我们合作或是对我们敬而远之。只有我们能够决定自己的态度。

态度是一项决定性的因素，或许它正是我们最需要祈求的。对自己的信念必须有坚定不移的态度，才能够期望肯定的结果。不论我们想要推销任何东西——商品、个人的服务、教义或任何一种理念，都必须以态度做包装。一个态度消极否定的人，什么也卖不出去。或许有人会向他购买产品，但绝不会是因为他。就像许多零售店中，店员的态度不佳，但人们因为需要而不得不向他购买商品。

成功的业务员在与客户洽谈、争取订单之前，先想象成交的情景，建立积极的态度。他们深知必须先肯定自己，才可能得到客户的肯定。

决定自己的态度，就几乎决定了一个人一生中成就的高低、交往的朋友，甚至包括对后代的贡献。诗人亨利一定是悟出这项伟大的真理，因此写道："我是自己命运的主人，灵魂的舵手。"的确，只要掌握自己的意志，建立正确的态度，朝着明确的目标努力不懈，我们都是自己命运的舵手。

我们的内心有一个沉睡的巨人，我们可以命令他实现我们所有的愿望。当我们有一天早上醒来，发现成功的光辉笼罩着我们，我们会恍然大悟，原来我们早已拥有所有成功必需的条件。

失败并不代表耻辱，如果我们已经尽了全力。

我们生活在一个竞争激烈的世界上，人们以成功和失败来衡量成就，并且强调每一个胜利都会产生对等的失败。要是一个人赢了，理论上必定有人输了。但事实上，我们自己与自己的竞争才是真正重要的。当我们给自己设立的标准是要自己做到最好，而且是为自己而做，我们就永远也不会输。我们只会不断地进步。养成习惯，经常检讨自己在特定事情上的表现，当我们觉得结果不理想，设想一下当时的状况然后试着问自己："在当时的情形下有没有可能使之更完善的办法呢？"要是答案是否定的，或我们觉得自己已经尽力了，就不要再浪费时间惋惜这件事。只要从过去学习到经验，就可以再次投身于行动中。我们若是不断地尽己所能去做，短暂的失败会自动消失。

恒心是成功之源

恒心是推动一切事业的动力，古人说：“十年寒窗勤苦读，一举成名天下知。”没有十年寒窗的辛勤努力，哪有一举成名、功成名就的一天？

爱迪生为了发明电灯，光是试验适用的灯丝，就失败了一千多次；但他毫不气馁，锲而不舍，终于让他发现了钨丝是最适用的。于是大地放光明，万古长夜不再漆黑一片。爱迪生的苦心，终于获得了报偿！

国父孙中山先生在辛亥革命之前，起义连连失败了十次，但他抱定“成功不必在我，而功必不唐捐”的信念，终于在第十一次武昌起义，为民国的缔造创下了根基。

上述两则典型的例子，使我们越发深信：有恒心确是成功之本。

为什么歌德的《浮士德》，迄今仍脍炙人口？因为那是歌德穷尽毕生之力，呕心沥血写成的。

为什么米开朗琪罗的摩西像和最后审判的壁画，时至今日，独受后人的欣赏和推崇。因为那些心血的结晶，正是人类精神的胜利。一切人间的成就，都是“有志者事竟成”的表现！也是有恒者必成就大业的明证！

一暴十寒永远成不了大事！急功近利也永远尝不到甜美的果实！

有恒心地努力，抱定决心，脚踏实地去做事，即使不能功成名就，也可享受到心灵充实的快乐！

追寻有价值的目标

我们的目标越有价值，越容易依循成功的原则而实现。缺乏热诚及专注的贡献，就不可能达到任何值得追求的目标。

这是一项十分肯定的真理。这项真理并不是凭空捏造，也没有加上任何个人的意见，完全是根据几十年来，我们对于各行各业观察与了解的结果。如果要我们提出一些成功的例证，唯一能提出的见证，就是我们自己。我们可以身体力行，印证这些成功的法则。

如果我们还需要更具权威性的理论根据，可以参考基督、柏拉图、苏格拉底、孔子、爱默生的教义和哲学，以这些重要的理论为基础，加上我们自己的实际经验便归纳而成今天的“黄金法则”。

因为有信心，我们才能在日常生活中应用“黄金法则”。

四千年来，人类把“黄金法则”当成行为的准则，遗憾的是，却不能充分发挥它的精神，只是当成一项道德的规范。

这项法则是：种什么因，收什么果。我们如何对待别人，我们种的是善因或恶因，最后都会回报到自己的身上。如果我们知道这一项法则，在与别人的互动中，我们就会公平且公正地做好每一件事情。

我们可以欺负别人，但是根据“黄金法则”，最后我们自己会尝到恶果。这项法则不仅适用于人与人之间的善恶因果，我们所有的思想，最后也会回到自己的身上。

因此，除了“己所不欲，勿施于人”，对待别人更必须存着仁厚之心。我们所有的思想及言行，造就了现在的我们。因此，为别人提供有利的服务，善意地对待别人，对自己一定会有帮助；相对地，处心积虑地伤害别人，自己也得不到内心的平静。

我们就像一块磁铁，吸引思想相近、志同道合的人，排斥其他不同类的人。如果我们想要结交善解人意、仁慈、慷慨、成功的人，自己必须先成为这样的一个人。只有我们自己能够选择。

信心是成功的先因

假如有人问，什么事情最可怕，我们要说：失去了对自己的信心和失去了对人类、对世间万物的爱心最可怕。

每一个人在成长的过程中，都曾经有过失败、无奈，有过被人误解的经验。最怕的就是从此沮丧颓废。也许有一段时间，不知道什么原因，突然间，不顺心的事情一连串发生；无怨无求的奉献爱心，也在付出后被人扭曲；甚至相识的人都变得不那么可爱。

但是如果由于当时不如意，每天早晨醒来，不能充满信心地去迎接美好的一天，或者把自己打扮得整整齐齐去面对将要来临的一天，去欣然拥抱这个充满希望的世界，而是变成懒得梳洗和打扮，过了一阵子，甚至自己都会觉得自己面目十分可憎；以至于原来那一份对自己的信心，对人类、世间万物的爱心，也不再像以前那么旺盛。

心是一切行为的主宰，这只有靠我们自己去领悟。

如何把消极的心情变成积极？我们终于彻悟，如果想找回自己过去那颗充满喜乐的心，就必须自己对自己有信心，对人类、对世间万物有爱心，如此便可以在每一天、每一年，都活得快乐、美丽而充满希望。

把握机会

有一句西谚说：手中的一只鸟，比林中的两只鸟更有益处。

机会往往是可一不可再的，不要以为来日方长，空过了一次良机无所谓，相同的机会不知何年何月才能再来一次呢！

姜太公在渭水之滨作无钩之钓，如果文王不能移樽就教，太公不能慷慨赴任，八十岁的子牙有可能从一介钓翁而成为流芳千古的丞相吗？

鸿门之宴，项羽错过了杀刘邦的机会，才有日后的垓下之恨，可见机会一旦漏失，竟可危及自家性命，怎么可以不谨慎呢？

机会的到来，一在时运的巧合，一在人为。黄袍加身的赵匡胤得之于前者，袁世凯的称帝则是由于佞臣的妄为。

从历史上看，多少英雄豪杰无不趁势而起，比如拿破仑。当他在土伦当炮兵上尉时，英国和西班牙的联合舰队来侵犯，于是拿破仑乃得以发挥他的军事才干，痛击来敌，土伦一役，二十四岁的拿破仑一下被提升为少将旅长，奠定了他日后事业成功的基础。

机会犹如一只滑手的泥鳅，若是我们平常没有良好的准备，即使机会从身旁溜过，我们也只能束手无策，望机会而兴叹！

为了时刻能把握住机会，在心理上我们必须要有“不惧怕机会不来，而担心我们没有准备好”这样的观念，才能为成功创造先决条件！

机会只垂青有准备的头脑

机会，只会悄悄地跟从那些可以认清它们并准备随时拥抱它们的人。

对于人性，有一种耐人寻味的说法是：有些人可以看到“机会”，有些人却只看见“问题”。当我们训练自己的思想去找寻机会时，我们会发现，每一天我们生活中的机会，远超过我们可以利用的。机会就在我们的四周。机会会自动上门，而不是靠我们费力地找寻，我们最大的问题是在于：如何从中选取一个最好的。

当机会出现，我们要确定自己是否准备好去掌握它时，第一个步骤就是要先确知自己的实力，我们要像检验陌生人的证件般仔细地评估自己的长处和弱点。确认自己的专长和需要改进之处，改正弱点。当我们发现机会现身时，我们已准备妥当，可以借以发挥所长。

太快看见自身极限的人，大都拙于辨识周围机会的出现。

电影制作人迈克尔·托德曾经说过：“破产只是暂时的，贫乏却是一种心灵状态。”这是因为机会的关系。我们所看见的究竟是机会还是限制，是由自己决定的，因为我们看待世界的方式，正是我们心理状况的反射。如果我们着眼的是自己的不足之处，我们就会因恐惧、怀疑和失败而苦恼。但如果我们专注于我们的能力，我们就会找到勇气、信心和成功。

只有靠着深思熟虑和有计划地努力，才能以自信取代怀疑。当我们对自己的能力心存疑虑时，先暂停下来，回想先前的成就，认清哪些经验对我们目前的情况有所帮助。当我们应用并发挥我们所积累的知识和智慧时，还有什么困难是超越不了的？

永远别说这个世界没有给我们机会。机会从来就不是拱手奉上的，我们必须创造机会。每个人在生命的每个阶段，都会有很多机会。这些机会可能不是我们所喜欢的，但是，我们所利用的每个机会，都会为我们带来更大更好的机会。身体或智能上的缺陷，或许意味着我们必须去探索一些别人所不知道的领域，但这也表示，我们拥有他人所没有的机遇。想一想，史蒂芬·霍金，尽管他的残疾使他无法书写和说话，但是他却在宇宙本质上有了杰出的研究。

那些以无比热情看待自己工作和事业的人，总能发掘无穷的机会；相反的，那些抱怨没有人给他们机会的人，就只能旁观自己的机会。当我们下定决心不再让他人替我们决定未来，更拒绝让暂时的挫折击倒时，我们就注定会成功，机会也总会在我们的左右。

做个高附加价值的人

在竞争激烈的社会里，要怎么样才能成为一个快乐或者成功的人？金钱或者名位是不是人生最重要的因素呢？金钱、名位虽是一个结果，可是并不一定要把它当作最重要的目标；我们往往可以看到很多人以金钱和名位为一生追逐的最大目标，结果并没有达到他想要达到的目的。

有人说，钱有四只脚，人只有两只脚，我们要去追它的话并不一定追得上，可是反过来它如果要追我们的话，我们想挡都挡不住，所以说要如何使我们在这个社会上成为一个附加价值很高的人，才是最尊重自己、尊重财富的事。

怎样的人才是附加价值很高的人呢？首先他需要一个“格”，即有所为有所不为；另外，他要有很好的观念和辨别合理判断的能力，在专属的行业里，他是一个专家，也就是说，他在任何团体里面，是一个无价之宝，因为他能够为大家解决困难。当成为一个有附加价值的人以后，所谓的金钱、名位自然就会伴随而来。所以说，不应该把金钱、名位摆在某一个特定的目标上，真正的目标应该是让我们自己成为一个附加价值很高的人。

有人问："那就是不要金钱？不追求名位了？"其实对金钱，我们应有一个很简单的看法，追求金钱是为了个人的自由和自尊，追求金钱也可以让我们实现想实现的梦想，但是绝不是让钱使我们成为贪婪的人。所以说，钱有各种不同的意义，最重要的意义还是怎样让我们保持自由和拥有自尊。

我们每一天，应该不断地去探求很多的知识，不断认真地去工作，使自己成为团体里面最重要的人，这样的话，在所谓的需求理论里，人的生理需求、安全需求、社会需求、享受尊重的需求，还有自我实践的需求都不会有问题。

创造“耐心练习周期”

耐心是心的一种性质，可以借由蓄意的练习而大幅提升。可以磨炼耐心的一个有效方法，就是创造真正的练习周期，也就是在心中设定练习耐心艺术的时间周期。生活本身变成了一间教室，课程叫做耐心。

我们可以从短短的五分钟开始，然后逐渐延长我们的耐心的容忍度。刚开始的时候，不妨告诉自己：“好，接下来这五分钟，我不要对任何事情生气，我要保持耐心。”我们将会有惊人的发现。如果我们想保持耐心，而且知道不必忍耐太久，那么我们的容忍度将很快提高。耐心是那种食髓知味的特质，我们将会发现，我们确实有能力保持耐心，即使时间长一点也可以。日子久了以后，我们甚至会变成一个很有耐心的人。

如果家有小孩，那将有许多机会可以练习耐心的艺术。例如，有一天，你在打一个重要的电话时，女儿在旁边问你问题，你对自己说："现在是保持耐心的大好时机。接下来这半个小时，我要尽可能保持耐心！"结果真的奏效了，而且是完全奏效了。当我们保持镇定，不让自己生气或懊恼时，我们就可以冷静而坚定地指挥孩子的行为。这比发怒有效多了。这个简单的动作，比生气更能让我们停留在此时此刻，因为我们不再钻牛角尖，我们以前已经懊恼过这种情况，觉得自己好像烈士一般。此外，耐心似乎具有传染性，它们安抚了孩子，孩子便会自己决定，不再打扰我们的工作。耐心让我们得以维持平衡。即使在困难的情势中，我们还须记得，自己面对的是什么，我们眼前的挑战不是性命攸关的"生或死"，只是一个必须处理的小障碍。没有耐心的话，一件小事就会化为紧急大事，以嘶吼、挫折、伤感情和高血压收场。这样真是不值得。不论我们是需要跟孩子、上司或一个不可理喻的人，还是情势打交道，如果我们不想"为小事抓狂"，改进我们的耐心功力，是一个最佳办法，现在就开始吧。

投入到事情当中去

如果我们想做什么重要的事情，最佳的时机就是从此刻开始，而非待会儿、明天、下周、下个月或明年，而是此刻。最佳策略就是“跳进去”。可能我们总是有一个重要的理由，可以延后计划好在今天做而推到明天的事。事实上，通常有许多好理由都值得等待。不过，尽管有这些好理由，我们还是应该从现在就开始。单纯而简单的事实是，现在就开始的人，那些“跳进去”的人，比那些等待的人拥有更好的赛跑成绩，也享有更高的成就。他们也容易投入到自己的生活中，得到更多的乐趣。

在一次大型商业聚会中有一位妇人看起来似乎很聪明，极有教养，才华过人。聚会的目的是帮助人们开始一项新鲜令人兴奋的事业。这位独特的妇人决定等待。尽管她很“肯定”

(她的用词) 她想要参加，她还是想要“好好想”一阵子。她要等待好时机。

后来我们又参加另一次不同的聚会，我们又见到了同一位妇人。我们鼓励她着手去做。“还不到时候”是她的回答。她“真的想参加”这项计划，但是还不想“跳进去” (这也是她的措辞)。这个故事继续发展，而且越来越糟。直到现在，这位妇人还没开始去做。

好消息是，在第一次聚会后就开始的几位，他们的事业已经非常成功了。他们晓得关键只是开始，而非一再拖延。这些人，这些确实开始的人，跟那位犹豫不决的妇人面临的是同样的障碍，如果不是更多的话，他们也有孩子要照顾，也在上班，有责任要负，有账单要缴，有房子要打扫，有草坪要除草，要去旅行，参加学校公演和其他家庭聚会，拜访亲戚，迎接宝宝出世，还有其他想得到的一切。成功的秘诀在于了解开始的最佳时机就是现在，尽管我们还有这一切责任要扛。

成功不是说我们必须在一天之内做完一切，而是我们必须开始动手。对大部分人来说，下床，开始，是最困难的部分。一旦我们开始了，其他的一切通常就会按部就班。如果我们有兴趣或者正在考虑一项新的冒险，只要它是我们真心承诺的，我们的劝告很简单：跳进去。

学习是为了美化自己的容颜

只是偶尔摄取营养价值高的食物，是无法造就强健的体格的。想要有健美的身材，必须靠经年累月的锻炼。人的脸庞也一样，今日的容颜是长久时间造成的。

婴儿的脸孔天真无邪，与其说他们有器量，倒不如说他们的脸庞满布纯真之美。但是随着时间的流逝，及环境的熏陶，他们的脸庞慢慢地改变了。不论是男是女，有人变好，也有人变坏。

当他们逐渐长大，成为一个大人，饱受人生沧桑之后，他们内心一定会全部表露在脸上，那是无法欺骗人的。

曾经有人推荐一位绅士给美国总统林肯，但是林肯会见了这个人之后，却拒绝了他。

林肯的理由是：“他的相貌不佳。”推荐者不满地表示：

“怎么能以貌取人呢？相貌又不能代表一个人的内心。”林肯回答说：“一个人到了这种年龄，就必须为自己的相貌负责。”

所谓相貌，大致可分成基本相貌与表情相貌两种。基本相貌是与生俱来的，人在十五至二十岁时，表现在脸上的，以基本相貌为重；到了四十岁，表情相貌所占的分量就取代了基本相貌。表情相貌是后天造成的，长久以来的生活，足以养成表情的固定习惯。在人生历程中，通过一个人的思想、言行，经年累月地刻画出了一个人的外在相貌，这绝非一朝一夕可成。

这种不易改变的表情相貌的好坏，会因其人学习态度的不同而有所差异。换句话说，学习与否会造成这个人在表情相貌上的表现差别。

学习又可分为工作上的学习与知识上的学习，现在我们谨以后者来做探讨。

平常不太喜欢学习的人与酷爱学习的人，在相貌上就会有所不同，它直接表明了这个人在精神生活上是否充足。努力想要充实自己的人，不论顺境或逆境，都会借着读书来提升自己的知识领域；而无视于这种目标的人则沉溺于眼前的享乐，整天都是花天酒地。失意时，则易走错路，误蹈法网。经常读书的人，在得意时，会杜绝自己产生骄傲的心态；在失意时，亦会鼓励自己不要陷于绝望。这种行为上的差异一定会从相貌上表现出来。

不注重提升精神、充实自我的人，只会为了向他人显示眼前的物质成就而沾沾自喜。至于开朗处世态度、高贵的精神都与他无缘。有些人虽富有却有一张卑贱的脸孔；有些人虽未居高位，却有张高尚的脸孔。

我们都应努力成为物质与精神都丰富的人，读书、学习则是达成这个目标的最佳捷径。

渴望进取

有些人以为个人的进取心就如同汽车的遮阳篷，有没有都无所谓。其实，进取心有如汽车的马达，是个人一切行为的推动力，不论这些行为是积极的或消极的、有利的或有害的、有意的或无意的。

进取心一词现在广遭误解。除非我们自己想要改善生活，否则，外来的刺激发生不了作用。要等到我们懂得省察内心的希望时，外来的刺激，诸如激励人心的谈话、演说、集会、红利、竞争甚至励志书籍等，才能发挥作用。

进取心是可以学习而来、培养而成的。它不一定与生俱来，有进取心的人也未必才华出众。它与智商高低毫无关系，也与出身背景、家庭环境鲜有关联。与个人能力、教育程度、有无技能等同样无关。进取心是一种发自内心的力量，让我们不畏艰难挫折，勇往直前。

除了生活中身心两方面的基本动力——生存、饥渴、爱心、金钱、快乐与信心之外，主宰人类行为的还有两种强而有力的情绪：恐惧与渴望。

恐惧是一种力量强大的消极刺激因素。员工和雇主都以威胁、弄权和惩罚的方式来使对方恐惧，他们以为这是达到目的的捷径。其实，恐惧的心理会造成限制、压抑、束缚、恐慌和强迫等效果，形成紧张、焦虑与敌意的情绪，终致破坏计划、损毁目标。

另一方面，渴望却是推动个人进取心朝积极方向前进的力量。它使人心情振奋，精力充沛；它鼓舞我们热情洋溢，追求卓越。渴望是能树立、计划并达到目标的一种情绪。

渴望的推动力量带来希望、乐趣和成功。我们应该善用渴望的力量，敢于渴望成功。

以微笑来迎接新一天

每天你都可以使自己成为一个崭新的人：带着微笑起床、独处时保持微笑，这些是好习惯。以提升生命的方式，用微笑传播欢乐，并试着开始接纳陌生人，某个人和我们说话时我们带着微笑，我们就感觉到自己已经感动了那个人。

在上班途中，我们不再注视单调生活中的行人、火车月票通勤者和那些被钉牢在方向盘后的人的面容，试试看，把焦点放在那些蹦蹦跳跳带着午餐盒、挽着父母的手的小孩身上，他将把欢乐散播给你。

在你感到特别好的一天，注意向其他人的面孔微笑，并看看他们是否也注意到你的微笑，并有所回应。通常一个微笑就会带来另一个微笑，微笑是个注意和肯定其他个体的积极方法。

你可以用微笑增加脸上的神采，并且让积极的活力改变周围的气氛。注视人们的脸庞吧！法国印象派画家莫奈教我们不要去看事物的表面，而要深入事物的深处，他的睡莲系列作品就告诉我们，在他古佛尼家中的日式池塘水面下有些什么。同样地，一旦你集中焦点于一个人，就会注意他外表之下的内心世界，并且深入其人性深处。花一整天时间去观察发现他人的人格特点，并注意他们有趣的五官。法国女服装设计师香奈儿曾直言不讳地说："上天在你二十岁时给了你这张脸，在你五十岁时，你就得为自己的脸负责。"

试点别的，一次就好

许多人日日重复着相同的事，成年的日子多半是这样度过的：我们保持同样的习惯，出入相同的地方，固守一成不变的意见，为同样的事情发脾气，有同样的想法，见相同的人，用同样的方法做事。最重要的是，我们得到相同的结果。多么无聊啊！

有这样一个浅显的道理：如果我们继续做相同的事，犯同样的错误，抱同样的期望，我们大概会得到同样的结果，以及同样的挫折。我们应该明白，如果我们想得到不同的结果，得到更多，我们必须试点别的。我们试了，而且奏效了。我们亲眼目睹这样的事实：事先想好要说什么话的推销员通常都会胆怯，唯恐忘了台词。另一方面，顾客也会觉得安排好了的展示表现得“太僵硬”了，太枯燥无味了。相反的，表现自然的推销员说心中想说的话，完全没想到自己要说什么，反而可以捕捉到顾客此刻的全部注意力，他们通常是该行业的顶尖推销员。

下次我们要开始一件事情时，不论是全新的或熟悉的，请避免去想我们究竟要怎么做。更重要的是，不要告诉别人我们打算怎么做；我们应该信任内心的智慧将会让一切迎刃而解。这个实验结果如果无法教我们感到诧异至少也会有一点惊喜。有时候我们可能很难承认，可是直接付诸行动通常比计划周全更有效。

以他人为师

是否每个人都能学习紧扣他人心弦的言行呢？

假如我们愿意的话，我们都有与一些比较出色的人频繁接触的机会。所以，我们只要注意观察，便可以做到和出色的人一样。

有些人在初次见面时，即能给予他人一种莫名的好感，对于这种人，我们应仔细观察他们的言行，彻底想一想，究竟是什么原因给我们留下那么良好的印象。

一般而言，会留给他人良好的印象，多半是由各种因素聚集而成的，例如，谦虚但不自卑的态度，没有卑屈但有敬意的表现，优雅但不做作的态度，准确的肢体动作、适合身份的穿着等。

然而，当我们在学习他人的优点时，千万不要舍弃了自我，正如伟大的画家可以模仿其他画家的作品一样，他们的审美观绝对不会比原作者差，但真正令他们名扬世界的，还是他们的创作。

尽量模仿优秀的人物

假如我们遇到一位大家公认非常有礼貌，而且又能给大家好感的人，那么，我们一定要好好地仔细观察。

对于长辈，究竟应该抱持着什么样的态度呢？对于地位和自己相同的人，要如何交往呢？对于地位比自己低的人，要如何对待呢？在中午前访问他人时，应该说些什么呢？以上这些都要切实观察，然后依照合适的方法去做。

在努力学习之中，我们可以发现，这个人不会怠慢了他人的事，而且不会伤害到他人的自尊心或虚荣心。同时，这种人会配合各式各样的人，表现出不同的才能，所以，他们多半能博得大家的好感。

只要我们能认真学习，将来也一定能成为一个让大家产生好感的人。现在，我们不妨回顾一下自己，我们是否发现，自己有一半以上的习惯都是经过模仿养成的呢？最重要的是，要选择良好的例子作为学习对象。

每个人都习惯了自己平常交谈的气氛，对方的态度、优点、缺点，甚至于连想法，我们都会在无意识中采用。一个人头脑即使不是很好，可是如果他平常尽量和一些聪明的人接触，他也能够发挥出令人意想不到的机智。

如果我们能和比自己优秀的人多接触，便会在不知不觉中变得和他们一样。倘若我们能集中精力，注意观察就更加如虎添翼了，那时，我们可能做到和他们一样出众。

任何人都是自己的老师

倘若周围没有能给予他人好感的人，那该怎么办呢？在这种情况下，任何人都能成为观察的对象。即使是非常卓越的人，也并非全部都是优点，同样地，看起来似乎是一无是处的人，也并非毫无可取之处。因此，我们只要选择优点模仿就好，至于那些缺点，则可作为警惕的借鉴。

是否能给予他人好感，其差异究竟在哪里呢？大体上来说，虽然言行的内容一样，但是态度的不同，能给予他人完全不同的感受。

因此，只要仔细观察别人是如何说话、走路、吃东西，而且他们给予他人留下了什么印象，我们自然会知道自己应该怎么做。

彻底保持品位

有一位男性，他的知识、教养都相当平常，可是大家却对他颇具好感。因为他所说所做的很有品味，也就是说，他擅长让自己看起来很好。

另有一位男性，他知识丰富、具有良好的判断力，可是他却缺乏让自己受到他人喜爱的才能。

这两个男人，哪一个更能适应这个社会呢？很明显的是前者。

想要抓住人心，外表占了很重要的因素。因为对大部分的人来说，礼节、举止或处事即是一切。通常，他们不会做更深入的了解。即使是一些有才能的人也是如此。他们对于自己的所见所闻大多数时候也不多花心思去想。

如果想要抓住他人的心，诉诸五官是非常重要的，换句话说，即是让他人的眼睛与耳朵快乐。如此一来，便可赢得他们的心。

这就是所说的“彻底保持品位”。同样一件事情，是否能让他人感觉到有品位，结果会有天壤之别。

倘若我们碰到说话口吃的人……我们会留下什么样的印象呢？

或许这些人很有内涵，但是，一般人只看到他们的外表，便由心里排斥他们。

相反的，做任何事都让别人感觉很有品位的人又如何呢？虽然别人不了解他的内心，但在见面的瞬间，即被他深深地吸引。

这种人为什么那样吸引人心呢？这点实在很难说明。简单地说，这种人是聚集了许多小优点，然后才开始绽放光芒的。正如马赛克 (一种小瓷砖) 一样，只有一小片是不会让人家感觉好看的，但是，如果把许多马赛克聚集起来拼成一个图案，就会给人家完全不同的感觉。

打扮得漂漂亮亮、举止优雅、保持衣服的清洁、声音听起来很舒服、表情愉快、口齿清晰等，这些微不足道的小地方，都是能够紧紧抓住人心的要素。

永不言败

我们现代人的生活，带着太强烈的功利色彩。对一个人是否成功，有些人甚至用金钱的数量来衡量。这样殊不论功利的标准本身很成问题（比如一个没有钱的人就只能永远是一个失败者），我们从生命的价值、人生的意义上来看，也是不能成立的。

实际上，是否成功，不仅仅在于世俗的标准，更在于自己的看法。在这一点上，禅可以给我们很好的启迪。不懂禅的人，以为禅是一种教人退避、消极、遁世的哲学，这实在是一个很大的误解。实则禅是告诉我们，生活是一种实现，是把自己的能力实现出来，成为一种喜悦，一种能与别人分享的成果；禅要人们戒绝的是勉强自己，不顾自己的基本能力，去拼命地争夺，把自己的时间和精力全部变做交换欲望的筹码。比如一个人的本领本来只能做一名合唱队员，他却偏偏要去独唱，要去做独唱的歌星，这样他不仅耗尽了自己的心力，弄得成天疲惫不堪，他成功的希望也是非常的渺茫。我们甚至可以“不做诗人做工人”，我们如果没有做诗人所必需的情感特征，没有语言的驾驭能力，而非要去写诗，拼命要去做一个诗人，我们就不免要失败，我们还不如去做一个工人更愉快，内心更安宁。诗人和工人，如果用功利的眼光来看，当然是诗人要成功一些，但如果站在禅的角度，站在生命实现的高度，二者实在没有实质性的差异。只要都发挥了自己的全部能量，也就实现了自己的生命，同样值得庆幸和祝贺。有时，做工人所实现的生命比做诗人更彻底更深入，所以工人常常比诗人愉快。人只要能回归落实到生活的本身，接纳自己，实现自己，就可以生活得安然自得。安适的情怀不是追求能得到的，不安的心也不是外界能强加给我们的，这一切全在乎我们自己。

有一次，一位客户来向心理医生咨询，他说自己是一个失败者。医生反问他：“你何以是一个失败者呢？从哪些方面说你失败了呢？”他举出了许多例子，如生活默默无闻、物质条件不丰厚、工作不好等等。医生说：“你讲的这些，都只是功利的标准，你实际上是在用别人的看法来衡量你自己。你看到别人出了名，别人赚的钱比你多，别人的地位显赫，就以为别人是成功者，你是失败者。其然大谬不然。有钱的人、地位显赫的人或许也认为自己是一个失败者，他们也会与比他们更有钱、地位更显赫的人比一比，或许和你的感觉是一样的。此刻如果你能从这功利的桎梏中跳出来，不承认自己是一个失败者，用清纯的态度来接受这一切，用更积极的态度去挖掘自己的潜能，实现自己的潜能，这样，你就在心理的品质上比那些人高了一筹，你就是一个真正的成功者。人生的全部意义，就是自我的潜能得到实现。

人们如果总是用成败来定天下，以功利来定成败，就必然会在心理上感到极大的压力，就会经常心烦意乱，因应不来；有时甚至把生活复杂化，心灵更加不安。特别是人们所生活在讲求效率的工业化社会里，浸淫在强调功利的商业活动中，养成了不断向外追求，不停压榨自己时间和精力的习惯，结果，生活就变成了一种沉重的负担和不安。这种不安又反过来造成更深沉的失落感，形成恶性循环。

所以，我们只要尽我们的能力去做了，就应该心安理得，不管结果如何，不管在他人的眼里我们成功与否——我们要永不言败。

让别人青睐我们

我们都希望自己被别人喜欢和热爱。我们希望别人看重自己，觉得自己应该受重视和被珍爱。我们都希望有谈得来的朋友，可以彼此分享快乐和失望。

要被别人喜欢的方法——正确的方法就是培养些自己喜欢的特点。这些特点对我们而言是相当珍贵的，如果我们真的希望某个人做我们的朋友的话，他就应该喜欢我们的这些特点。好好培养这些特点，只为了这些特点本身和我们自己而培养，千万不要为了留给别人深刻的印象而培养。换句话说，是否讨别人喜欢只是次要的问题，如果我们把这些当成主要的目的，我们不但会摧毁自己成功的机会，还可能失去享乐的能力。

1.学习如何自处。这可能是最令人惊讶，也最有用的建议。

但它真的让人这么惊讶吗？想想看：如果我们和自己都不能好好相处的话，还能期望别人什么呢？换句话说，如果我们知道怎么为自己分配时间的话，别人一定会意识到我们的这种强劲的力量。

很多人都害怕孤独。他们不知道自我创造原则的后果，所以犯了极大的错误——认定自己绝对不能孤单。“大伟今天晚上不在家，我一定要找点事情做做。”他们每一次尽量让自己避免孤单的时候，都让自己再度感受到恐惧的侵袭。恐惧什么呢？就像某人说的：“我单独一个人的时候，觉得自己一无可取之处。”

如果我们能享受独处的时刻，那么我们找朋友的动机将完全出自于真心，而非软弱。我们打电话给朋友约他吃晚饭，只因为我们想看看他，而不是因为我们无法忍受一个人单独吃饭。我们会觉得我们真心地喜欢他、看重他，而不是只想依赖他。我们将变得更可爱——对那些想找个真心朋友，而不是想找个比他更脆弱的朋友的人来说。

2.培养一种能力，将别人视为一个独立的个体，并欣赏这种个别差异。

要让别人喜欢你，得先学会怎么让别人喜欢你，不同的人，就有不同的特点足以让人尊重和钦佩。除非我们习惯了找出每个人独特的地方，否则我们可能很难欣赏别人的特点。

看看我们认识的人具有哪些特点。也许我们会喜欢他们，也可能不喜欢他们。不过如果我们喜欢他们的话，至少我们喜欢的是他们本身。

3.培养享乐的能力。

如何使自己得到更多乐趣呢？首先，让自己放慢脚步，好好品味自己所做的事情。尽量让自己参与周围发生的事情。如果我们一直当个旁观者的话，我们会觉得自己并不重要，周围发生的事情也不重要。继续寻找愉快的经验——期待它们的发生，如果真的发生的话，就好好庆祝它们的降临。尝试重温这种经验，不断增强愉快的感觉，对新的事情和可能发生的快乐事情，千万不要踌躇不前。

4.避免讥讽主义。

这种做法也将使我们拥有享乐的能力。如果我们是个讽刺主义者的话，可能会觉得每个人都是以自我为中心，都只顾自己的利益，而且认为世界上没有一个人是真诚、宽大的；每个人都想占别人的便宜，却吝于付出。

为了自己，也为了朋友，我们最好不要显出讥讽的样子。越少说和少做讥讽的事情，我们就越少有讥讽的感觉，也更不会将它加到不需要、也不希望受到嘲讽的人身上。就像歌德说的："如果你心中有什么希望，最好赶快告诉我。但是如果你有任何疑惑的话，就请自己留着，因为我的已经够多了。"

5.对我们来说很重要的事情，如果我们和别人持相反的意见，就准备面对他们。

这对我们了解自己的目的有很大影响，也让别人知道我们具有坚强的信念和强烈的感觉。如果没有这种特质的话，将很难获得别人的喜欢。

不要附和别人。如果我们附和别人的话，我们将怀疑："人家会喜欢我这样吗？"这个怀疑可能是对的。

6.尝试培养同情心——感觉别人的体验和关怀别人感受的能力。

这将使我们的生活更丰富，和别人的生活有更密切的关系，也将使我们更可爱。

7.学习支援我们的朋友。

尽量让自己拥有这种天使的特质。为什么很多人看到别人成功的时候，无法和他一起分享快乐呢？也许是妒忌和暗中的恐惧在发生作用吧？如果真的是出之于妒忌和恐惧的话，我们会使自己变成一个差劲的朋友，对自己的生活也将更缺乏信心和安全感。如果我们无法分享别人的成就，正等于加强自己某种恐惧，比如恐惧自己不像他那么"好"，或害怕他会抛弃我们。父母往往因为不能欣赏孩子的成功，破坏双方的关系。孩子越来越独立，父母就觉得越来越受威胁，恐惧着："孩子再也不需要我了。我并不是不可缺少的人。"

我们越常将这种恐惧表现在行动中，比如不给予称赞，有意无意地轻视或破坏朋友的努力，就会使自己的前途越来越黯淡，人际关系也越来越差。停止这些行为，不再增强这种恐惧，我们才能学会分享别人的胜利，这对我们自己和朋友都将是一大解放。

8.最后，谨记住自我创造原则所告诉我们的生活方式。

它告诉我们，我们是由自己创造的，所以我们可以把自己塑成理想的自我。我们是自己生活背后的推动力，别人也是他自己生活背后的推动力。我们不必把自己看成牺牲品，也不用把别人看成牺牲品。我们享有同样多的自我创造能力，这种力量将使我们和别人同样可敬。

我们可以想一些令人尊重并且自己也想培养的特质，然后采取行动，增强这种动机。但我们必须确定自己不是只有和自己喜欢的人在一起的时候才这样做。

也许我们一向习惯迟到，但我们的爱侣却要求我们准时，所以我们跟她约会的时候会尽量准时，可是跟别人约会还是照样迟到。这表示我们只是想留给她好印象，而不是真有决心改过。这种做法不能带给我们任何快乐，也无法增强我们想改变的动机，只会把自己变成一个奴隶，仅仅讨好我们喜欢的那个人。

很可能我们想变得准时些是为了体贴别人。但是我们得确定自己这样做是完全公平的——不管我们碰到谁，都采取这一种方式——否则我们就干脆不要做，因为我们不会因此变得更体贴，只是顺从别人罢了。

不要用讨好别人的方式使别人喜欢我们。尝试讨好自己——至高无上的自我。以行动维护和增强我们所相信的价值，我们将感觉到别人喜欢我们——因为我们做了正确的事情。

比方说，你非常重视对朋友的真诚。你原来答应帮一个朋友搬家，但后来男友邀你到外地去度假。如果你答应去度假的话，即使玩得很愉快，也会觉得自己不再像以前那样受自己尊敬。如果你婉拒他的邀请，你将更尊敬自己，觉得自己更可爱，并觉得自己赢得了别人的喜爱。

单是被别人喜欢还不够。要讨别人喜欢，“正确”的方法是靠我们做一些“吸引人”的事情，这些事情对我们来说必须非常自然，也极有吸引力，否则不管别人怎么喜欢我们，我们也无法获得温暖，他们觉得我们怎么样也无关紧要了。

要成功而非借口

江小姐在以家为基地的事业上是一个超级成功的女商人，也是个优秀的业务推广人。她所服务的公司，有5%的人为公司赚入95%的收入，而她就是那5%当中的一个。

在整个企业界有一句最受欢迎的话，最能够帮助人们朝那五个百分点努力。那句话就是：我们可以找借口，也可以赚大钱，但是我们无法两者兼得。可能我们第一次听到这句话时，还觉得它有点刺耳。不过，仔细研究后，我们就会明白它一点也不刺耳。

事实上，它是减少忧虑的良方，也是成功和致富的有效工具。

如果我们想一想，“借口”通常只是恐惧的一种表现：“我恐怕没有时间”或“我很怕迈出我的安全区”或“我怕人们不知道会怎么想”或“我怕我做不到”或“我认为这不是我的本性”。当我们除去这些借口背后的恐惧，不再忧虑时，我们就会创造出前进的空间和信心。

拥有充实人生的成功人士一定也跟每个人一样面对着同样的挫折和困难，也跟大家一样害怕。差别在于他们处理恐惧的方式不同。成功人士不但不会被自己的恐惧打败或因而动弹不得，反而克服了它们。诚如苏珊·杰佛斯的书名所暗示的：《感到恐惧时，就鼓起勇气做下去》。毕竟，勇敢的最佳形容就是“在害怕时依然毅然决然为之”。

一个习惯找借口的人，是无法发挥他最大的潜力的。当借口浮上这种人的心头时，他会紧抓着不放，把它看得很严重，思索这个借口为何成立，然后用它做弹药来对付自己。这一切都发生得太快了，通常连当事人自己都没有察觉，这是一种自挫的习惯，只要稍微改变一下想法，就可以打破这个陋习。

事实上，每位成功人士都承认，他们也面对过自己内心的借口，例如：我累了，以后再做吧，我很害怕，或我不想做这件事。不过，这些人却能够将他们的恐惧和借口想成可以克服、打发或至少不要看得太严重、太可怕或懒惰的想法而已。因此，他们不但没有被负面的内在对话所淹没，而且还可以将焦点集中在他们所从事的以及他们正尝试完成的事务上。

接受生命不公的事实

有这样一位朋友，在我们谈及生命中的不公平时说：“谁说生命是公平的，谁说它原本就应该是公平的？”她的问题问得很好。它提醒我们小时候所受到的教育：生命本来就不公平。这是个陈腔滥调，却千真万确。讽刺的是，承认这个严肃的事实，却需要非同寻常的洞察力。

我们常犯的一个错误就是，为自己或他人抱屈，误以为生命应该要公平，或是将来总有一天会公平。其实，它本来就不公平，也不会公平。我们错在浪费许多时间耽溺或抱怨生命的差错上。我们同情别人，讨论着生命的不公。“这不公平”，我们抱怨着，不了解生命或许从来就无意做公正的评判。

接受生命不公的事实有一个好处，就是让我们不要再为自己抱屈，反而鼓励我们竭尽所能去努力。我们终于晓得，让一切变得完美，并不是“生命的责任”，而是我们的挑战。接纳这个事实也让我们不要替他人难过，因为它提醒我们，每个人都有自己的遭遇，也都有自己的特殊力量与挑战。这个见解帮助我们处理了许多问题，它几乎每次都可以唤醒我们面对现实，让我们回到正确的轨道上。

生命不公平并不表示，我们不应该尽我们的力量，去改善自己的生活或整个世界。相反的，它建议我们应该尽力而为。当我们不了解或不承认生命不公平时，我们就容易觉得自己和别人很可怜。可怜当然是一个自挫的情绪，对任何人都没有好处，只会让人感到更糟糕。不过，当我们明白生命不公平的事实时，我们能够同情别人和自己。同情是一种真心诚意的感情，向它所接触到的每个人传达亲切的关怀。下一次我们发现自己又在思索世界的不公时，请试着提醒自己这个非常基本的事实。我们会感到诧异，它居然可以将自怜推向有益的行动。

停止攻击

有些时候，我们会攻击他人。如果我们畏于面对某个被我们攻击过的人，怎么办？

对我们而言，我们会惧怕被我们攻击过的人。

攻击别人，对我们究竟有什么意义？

举例来说，中伤是一种攻击；诋毁的言论是一种攻击；嘲讽他人也算；责备和控诉也是攻击。

攻击也可以是一种想法！对他人怀着负面和责难的想法，就是在攻击他们。如果我们攻击了某个人，我们的心中总会引起愧疚。

我们的攻击将在我们的潜意识里转化为畏惧，惧怕别人有一天会反击，这迫使我们又做出另一种防卫性攻击，如此一来这又加强了我们的罪恶感……也让我们产生新恐惧。

这都是无意识的、渐进的、加速的恶性循环。

这种恶性循环，成为逞威风的注解。

每一次攻击，都让我们与真正的自我更加疏离。

有些人相信，他们只需为自己的作为负责——就是他们实际上的作为——而不需为所想的负责。

事实却是：我们也必须为心中所想的负责。因此，停止任何一种形式上的攻击，我们才能开始坦白地面对人群、面对世界。

感谢令我们讨厌的人

现在，我们也许正为人际关系而烦恼，也许有令我们讨厌的人，令我们感到棘手。其实，这并不是一件坏事。

我们又不是神，有讨厌的人也是理所当然的！无论在何处，必定有几个个性不投合的人存在。

那么，我们该如何和这些人交往应对才好呢？

我们可以因为讨厌对方，觉得彼此合不来而无视对方的存在或是不跟他说话，但这似乎有点像小孩子幼稚的行为。

有一件很重要的事就是要表现得像个成熟的大人，即使讨厌对方也好，我们还是要做出适当的应对。

另一件重要的事就是不要因为讨厌对方就变得情绪化，而且要用客气的措辞，把对方拱在高于自己的地位。

通常我们觉得彼此合不来，讨厌对方的时候，对方也会感受到与我们合不来，也会讨厌我们。

正因如此，这时更要反过来去注意对方的优点，尊敬他才是。

没有人在受人尊敬的情况下会心情不好。我们姑且可以说，当我们这样做时，对方不会对我们有所抱怨、不满。

还有就是要知道“虽然他是个讨厌的家伙，但和自己没有关系。”

如果我们一直这么认为的话，即使觉得不需要和对方有任何牵连也不要紧。

因为我们这种“没有关系”的想法会防止自己和对方有所互动、接触。

只要彼此没有接触，即使和他住在同一层楼，也只会觉得“有那种人存在吗？”彼此相安无事。

然而我们还应明白：人类对于自己体内不存在的东西不会有所反应。

这是什么意思呢？也就是说，对方令我们讨厌的部分、令我们喜欢的部分全都存在于我们自己体内。

所谓讨厌的人、讨厌的部分，那都是因为我们心中的那面镜子，映出了我们对自己感到厌恶的部分。

“观看别人，改正自己”，讨厌的人正是让我们发现并改正自己内心所厌恶的那一部分，给予我们反面教导的良师，不妨这么看待他们吧！

能够这么想的话，喜欢欣赏的人当然是不在话下，就连讨厌的人我们也会感谢他告诉了我们也有这样的部分，而庆幸他们的存在。

如果我们明白了这一点，不妨向讨厌的人感谢一下吧！

当我们能够由衷地产生感谢，那些“讨厌的人”也会渐渐在我们面前消失。

克服嫉妒心理

“无嫉妒”是禅告诫人们要戒除的诸多恶习中的一戒。叔本华有一句名言：“每个人都懂得同情别人的悲伤，但只有天使才同情别人的快乐。”可见得嫉妒的心理在人群中是相当普遍的，而嫉妒对人的伤害远甚于其他不良心理，很有加以克服的必要。

嫉妒的心理，简单说来，就是人对别人的某些方面(如才华、成就、成绩、金钱、地位、品质乃至于容貌)高于自己时所产生的一种羡慕、恼怒、无奈和悲伤的心理。

嫉妒产生于与别人的比较，人正是在比较中才看到了别人高于自己的地方，才羡慕、恼怒、无奈、悲伤，产生嫉妒心理。但嫉妒心理常常产生于相似的一些人中间。人不会对比他条件高出许多的人产生嫉妒。比如一般人不会去嫉妒一个科学家，也不会去嫉妒一个诺贝尔奖得主所取得的成绩，而会对与他条件相仿佛的人所取得的小小的成绩产生嫉妒。人也不会对远在天边的人产生嫉妒，我们的成绩虽然比他好，条件比他优越，但如果远在美国，他的嫉妒也就无从发生。嫉妒同时也容易产生于同性之间。一个女人的嫉妒对象常常是另一个女人，男人很难对女人产生嫉妒。

女人的嫉妒与男人的嫉妒还颇有些不同。女人常常对另一个女人较为表面的东西——相貌、服饰、金钱、丈夫，甚至孩子，都可以成为她的嫉妒对象，而她的这种嫉妒之情，常常不可理喻，难以化解，连她自己有时也感到莫名其妙。而男性的嫉妒则倾向于别人的较为深层次的东西，比如事业的成功、地位、名誉等等，同时男人因为嫉妒之情，会促使自己拼命向被嫉妒者看齐。但是，无论是男性的嫉妒，还是女性的嫉妒，都会产生极大的危害，所以心理学家称嫉妒是人类最阴暗的心理之一。

在生活中，我们大多指责嫉妒者，而同情被嫉妒者，其实如果我们细细想一想，嫉妒别人的人的心情才是最痛苦的。一个嫉妒别人的人，他首先在心理上就是一个弱者，一个自卑的人。正因为他自卑，所以他才嫉妒。这种自卑感像魔鬼一样缠着他，使他不得不运用强烈的心理防御手段来保护自己，而嫉妒就是他最常用的手段。其次呢，嫉妒又是一种非常阴暗的心理，犹如阴沟里面的老鼠一样，见不得阳光。当一个人嫉妒别人时，他不能当着别人的面正大光明地发出指责、挑剔地声音，有时他还不得不赞扬别人几句！这使他内心尤其难受。当一个人妒火中烧的时候，也就是他心理上最痛苦的时候。在私下里，他也承认嫉妒是一种不好的心态，于是便产生了矛盾的心理，从理智上讲，嫉妒者知道不应该嫉妒别人，但在情绪上，他却又控制不住自己产生怨恨、悲愤乃至无可奈何的心情。因此他常常徘徊于理智和情感的矛盾之中，不知所措。这诸多因素，使嫉妒者的心态失调，深深地陷在痛苦之中。

人在妒火中烧的时候，当然迷失了自己，看不清自己的特质和种种优越之处。嫉妒者的心灵被非理性的想法牢牢地控制住了，他的眼睛也被蒙上了一层雾翳，他的生活，当然毫无快乐可言。

宋朝一位禅师叫做无门，他说过一句话，“青天白日，切忌寻觅，更问如何，抱赃叫屈。”就是说，我们的心地本来是如青天白日一般，当把眼睛盯住别人时，到头来一定烦恼苦闷，就好像自己抱着赃物，还要到处喊冤叫屈一样可笑。嫉妒之心，就正是这种“赃物”——一把双面刃的尖刀，既伤害了别人，也伤害了自己。

所有的存在都有理由

有这样一个事实，对我们而言是很好的鞭策：当我们责难一个人时，我们就看不到对方完整的全貌。每个人的内心深处，都明白这个道理。每一次我们责难别人，看到的不是那个人的整体。而只是对他欠缺的那一小部分吹毛求疵——事实就是如此。

如果我们有机会去了解一个人，包括他的生平，他的所有苦难、不幸的遭遇、梦想和努力，尔后我们就不会再去责难和嘲弄了。对某人的行为我们可以不表示赞同，甚至批评，但是应该让他敞开胸怀，利用机会观看他的全貌，这样才能进一步了解这个人。这好像很不寻常，但却是千真万确的。

最难的地方，就是顾及整体。只专注在有限的一小部分，然后责难它，可以说一点都不难。所有的这一切，让我们有理由期许自己。道理是简单的，而且再明白不过了。可是要深入了解然后拿来实际应用，却是要费一番心血。

多想想我们拥有什么

心理方面最普遍、最具毁灭性的倾向，就是把焦点放在我们想要什么，而非我们拥有什么上。不论我们多么富有，似乎没有什么差别；我们还是不断扩充我们的欲望名单，确保我们的不满足。我们的心理机制说：“当这项欲望得到满足时，我就会快乐起来。”可是一旦欲望得到满足后这项心理作用却不断重复自己。

有一个朋友上周日才签约购买了一幢新房子。我们再次见到他时，他已经在说要换一幢更大的房子。他并非唯一例外。大部分人都跟他一样，我们想要这个或那个。如果我们得不到自己想要的东西，就不断想着我们没有什么，继续感到不满足。如果我们如愿以偿得到我们想要的东西，就会在新的环境中重复我们的想法。所以，尽管如愿以偿了，我们还是不快乐。当我们充满新的渴望时，是找不到满足的。

幸好，还有一个方法可以得到快乐。那就是将我们的想法从我们想要什么转为我们拥有什么。不要奢望我们的另一半会换人，相反的，想想她的优点。不要抱怨我们的薪水太低，要心存感激我们有一份工作可做。不要期望去夏威夷度假，多想想自家附近的优美景致。可能性是无穷无尽的！每次我们发现自己又落入“真希望我的人生换个样子”的陷阱时，退一步，重新来过。做一口深呼吸，想想我们所拥有的一切，已经应该心存感激了。当我们把焦点放在我们拥有什么，而非我们想要什么上时，我们反而会得到更多。如果我们把焦点放在另一半的优点上，她就会变得更可爱。如果我们对工作心存感激，而非怨声连连，我们的工作表现会更好，更有效率，可能还会获得加薪。如果我们享受在自家附近的娱乐，不要等到去夏威夷再享乐，我们得到的乐趣会更多。如果我们真的去了夏威夷，我们已经养成自娱的习惯。即使我们没有机会去，我们也已经拥有美好的人生了。

给自己写一张纸条，开始多想想我们拥有什么，少想我们要什么。如果我们能这么做，我们的人生就会开始变得比以前更好。或许，这是我们这一辈子第一次知道，满足是什么意思。

接受否定的自我

当我们强烈地拒绝别人把负面特质套在身上时，否定的自我就在此时被揭露了。我们不承认那些批评，并觉得自己被误解。比如说，当我们形容自己“节俭”时，伴侣可能指控为小气鬼；当朋友称我们是神经兮兮的紧张大师时，我们觉得不过是精力充沛罢了。我们可能真的是节俭和精力充沛，但十之八九我们也是神经紧张的小气鬼。

有时，我们借由批评别人，而揭露自己对否定自我的厌恶。因为我们在伴侣和别人身上所找到的厌恶部分，套用在自己身上是很真实的。当我们说：“你从不说出你的感受。”其实是在揭露自己无力表达情感的事实。批评不过是一种展现的形式，我们嘲笑伴侣就是在展现自己无法忍受的自我特质。

听到伴侣对我们的批评，看见亲密关系表面上结一层霜，是相当痛苦的事。我们努力和类似情况保持距离，并试着把指责强加在伴侣身上。接受这些我们竭尽所能否认的切身事实，虽然可怕却可以说是一种释放。因为，我们发现无论自己如何不完美，伴侣仍旧爱我们。他们了解我们极力否认的特质是什么，更重要的是，伴侣的批评就像藏宝图，指示宝藏在何处，就在我们向下挖掘的过程中，越接近包裹里的自我，越能顺利的改变自己的行为。

回想我们对伴侣做过的批评，而如今认知到那些批评，正好应验到自己身上。例如：我们否认的敌意、小气或夸张的行为举止。告诉伴侣，我们认识到以前把那些特质反映到他身上，是因为要明白自己拥有相同特性是件苦差事。

伴侣的批评可以让我们看见自身的特质。当我们学习将爱注入投射在伴侣的可憎特性时，我们就能爱自身的可憎部分，不再自我否认，并减轻自我憎恨。

尽情享受人生

有人说“人应该要尽情享受人生”，不成熟的人会把享受当作是物质上、官能上的享受，成熟的人则知道精神享受才是最重要的。

在一生当中，我们活得是不是快乐跟我们的天性有关，有些人天生就悲观、爱钻牛角尖，其实，快乐是一个人活着的权利，但是快乐是不能架空的，否则就变成了官能上的享受。快乐应该发自非常扎实的内在，不然它只是虚假的。

不管我们的前生是什么，来生是什么，对我们都没有用途。如果我们看重今世今生、活在当下，这一生怎么活，都会活得好。如果一辈子活在愁苦中，是会上瘾的，有些人会从悲观中得到享受，有这样一位女士，她觉得人生苦短，再怎么卖力，最后还是空的，所以，她过一阵子就生个小病，这样子，丈夫才会更疼她，结果，她就真的有些小病，也沉醉在其中。

或许有人会说这是天生的，但是，快乐是有些方法治愈这些病的，比如生性悲观的人如果能够对比她更不幸人多做奉献，就可以得到“肯定自己价值”的回馈，因为，我们发现有人活得比我们更糟糕。

如果我们是个生性悲观的人，相信在我们多次奉献之后，会得到肯定，也会更加积极。

此外，幽默也是快乐的因子。

学习开朗、勇敢、创造，这些都可以把我们从生性悲观中提升出来，生活就不再是那么无趣、没意义了。

在奉献、幽默、开朗、勇敢和创造中，我们会发现：生命虽然很短，我们仍然可以把它活得多彩多姿，仍然可以活得有滋味，所以，不妨多多培养兴趣。

一生中，如果我们只是把时间用来忧愁、用来悲观，当我们即将离开世上时，我们可能会觉得这一辈子都白活了。

我们能不能尽情享受人生？就看我们的觉悟如何——也就是成熟度。

为自己而活

我们现在常常会听到“为自己而活”这句话，对于不成熟的人来说，会以为只要自己活得好，就可以不管别人的死活、不顾别人的痛苦，因为自己而给别人带来不便，也可以不管，只要为自己活就够了。

一个真正成熟的人知道，为自己而活绝对不等于自私自利，它比“爱自己”更能发挥潜能，更能够为自己制造出更理想的生活。

我们不必要求我们的小孩比别人强、比我们自己强，如此不但会给他们很大的压力，也会让他们痛苦。许多高成就的父母不一定教出高成就的子女，俗谚“歹竹出好笋”的情况，在社会上也有例子可证。喜欢读伟人传的人们，将来不见得会成为伟人，它的意义在于其参考价值。

现在，受教育不再像过去一样是特权，只要一个小孩子愿意读书，就可以受教育，只要他聪明、有智慧，就可以在某一行取得成就，即使他的父母亲目不识丁。

父母亲要做的应该是给孩子正常、安全温暖的环境，以及合理的教育，而不是掌控孩子的发展和成长。

有些人认为女人就是要温柔，叛逆的女孩子在小时候通常会被骂，但是，在戏剧中描述的野丫头反而让人觉得满可爱的。

如果一个女孩子从小的活动空间比较大，长大及成熟的空间就会比较大。

温柔并不是失去自己，也不是不表达自己的意见，更不是逆来顺受。中国人常常教小孩子要“逆来顺受”，如果逆来是有道理的，顺受就无妨，如果来的是无理的，就不见得要照单全收，对于我们来说，不合理的欺负、暴力，就不见得要一并收下。

塞翁失马，焉知非福

自我们出生那一刻起，观察与分析周围情况势必不可少。我们开始运用观察力以及不可言喻的感觉来做决定的依据。这也就是为什么每个人境遇会如此迥异的原因。即使许多人经历过完全相同事件的洗礼，事后，每个人都有各自不同的体认、解析与诠释手法。因此，相同的情形或事件对某人来说可能是帖良药，但却为其他人带来灾难。它是如何化身成其他形式的呢？

我们对生命中特定事件的评价，将奠基于过往的经验与学习轨迹。根据以上那些法则，每件都被我们贴上不同的标签，任由我们来评断是好是坏。但是，假若同一事件降临在一位与我们的历史背景互异，对未来展望的看法也稍有出入的人身上时，他或她将有完全不同于我们的解释产生，评断方法当然也会不同。举例来说，如果我们的家庭背景或文化规范视狩猎技巧为颂扬与征服的最高荣誉，那么狩猎对我们来说或许是某种特殊的情感存在：如果我们射中了一只鹿，我们觉得是件好事——值得大肆庆祝也值得骄傲。可是，如果我们成长的家庭背景或文化规范严重谴责这种血腥的狩猎行为时，射杀一只鹿——即使只是一闪而过的画面，都会令我们悲痛万分，甚至感到恶心。

塞翁失马，焉知非福。不要急着下结论，先权衡一下事态的正反两面，才叫真智慧。即使是同一个事件，对许多个性互异的人来说，就算亲眼目睹或亲身经历，也不意味每个人对此事件的看法都会相同——因此我们可以说它将就此衍生出许多相异的事件来——最后我们才了解到事件本身的中立性格。我们常常就己身的信仰或体会赋予他们一层意义，或为其添加“色彩”。了解得越透彻，越能激发出我们的爱心。

我们应该负什么责任？

大部分人很少问这个关键问题，如果他们曾经问过的话。相反的，他们自动假设，他们所面临的任何问题，必定都是别人的错。如果行程中有什么闪失，“一定是别人的过失”。许多人就是从来没想到，他们本身也有错。或者，至少，他们应该负一部分责任。

从表面上看起来，相信永远不该责怪自己，似乎很好。不过，问题是，抱着这种“永远别怪我”的哲学，我们就永远无法找到问题中真正可以解决的一面——我们自己怕责任。我们一旦去除恐惧，承认自己有时候也应该为生命中行不通的那一部分——小讨厌与大问题负责时——我们就打开了一扇全新可能的大门。

一旦我们愿意为自己生命中的问题负责，我们就会看见解决之道，只要做一点小小的调整就可以全盘改观。有时候，做得很好跟做的很糟之间只有一线之隔。通常，解决之道只是改变我们目前所做的某些事。

省思别人对这个问题所造成的错误与责任，真的没有帮助。我们很少能对别人以及他们处理事情的方式做什么。不过，改变自己的反应，却是很简单的（除非我们太害怕了）。如果有可能，我们试着看看自己的责任。例如，如果我们对生意上的人际关系的进展感到挫折，我们就检讨我们对待对方的方式。我们问自己像这样的问题：我是否逼人太甚，或者要求太多了？我是否假定他或她了解我的要求，其实却不然呢？我是否说得不清不楚，还是不公平？这一类问题有帮助的理由有两个。第一，我们总是可以看见自己应负的责任。第二，当我们看见问题的所在时，我们通常做一点简单的调整，就可以解决这个情况。

例如，上个星期，我们为在电话上跟某个人沟通感到挫折。她接了我们公司的一项业务，可是情况毫无进展。我们感到不耐烦，不断逼她执行任务。然后我们才想起来，她可能是气我们逼得太紧了。原来因为我们对自己的要求很高，在不知不觉中，也希望她能用我们的疯狂步调做事，明白了这一点，当我们真诚地打电话向她道歉时，我们可以察觉到她在电话另一端松了一口气。当我们后退两步，她的表现就进步了。我们若是继续把自己所造成的问题怪罪在别人头上，别人就会怀恨在心，而且可能表现不出他们的实力，结果，我们在这桩交易上都会成为输家。

当然了，这里并非在暗示，凡事都是我们的错，或者要求我们应该花太多时间和精力反省我们的过错和缺点。这么做的话又是另一种不良习惯了。不过，重要的是，我们必须诚实地面对自己的责任。不要学鸵鸟把头埋在沙子里。如果我们真的想要超越自己的人生，我们必须愿意照镜子，谦虚而坦白地反省我们对目前人生现状的责任。这一来，我们才能对症下药，改善现状。

运用心灵创造想法

我们对别人的想法，主要来自我们的成见，而不是那个人的表现。我们对别人的想法，反映出的是我们自己的心理，而不是那个人的实际情况。我们可以把本篇当作是备忘录。

“彼得心目中的保罗，出自彼得自己的主观看法，远多于保罗的真实面貌。”何不将这句话张贴在办公室的墙上？或许我们可以把这个句子重写：我心目中的某某，其实大部分出自我主观的看法，并不完全吻合某某的真实面貌。或者我们也可以这么说：我们的想法是我们的心灵创造出来的。一个人对另一个人的看法，显现的是这个人的所思所感。主观想法，并不能全盘描述对方的实际情况。

事实就是这样，是我们自己判定了别人的是非功过，明白了这一点之后，当我们对别人不满意时，我们不必通过外力手段去否定别人，我们只要扭转我们的想法，以积极、正面的角度去看待问题就足够了。

不做无舵之舟

也许我们的目标正偏离航线，也许我们的注意力已变得不太集中，就像走在浓雾地带，方向模糊；也许我们正绞尽脑汁，不知如何是好。

为什么会这样呢？因为我们并没有对自己想要达到的“高峰”做出的准确的定义——没有把它清楚地写在脑子里。我们驾着一叶无舵之舟乘风破浪——不知道去何方，不知道哪年哪月，也不知道如何才能抵达目的地。我们先来听一听下面这位母亲和孩子的对话：

母亲：“你去哪儿了？”

孩子：“外面。”

母亲：“干什么去了？”

孩子：“啥也没干。”

这难道是非常明确的回答吗？当然不是。很多很多的成年人，就像上面的孩子一样，正玩着“在外面——啥也没干”的游戏。难怪他们总是到不了自己的高峰，他们的高峰根本就不存在！

但是毋庸置疑——在当今的商业世界，我们对成功的高峰做出的准确定义，无论如何要比“那个遥远的地方”好得多。

人们在生命的各个阶段，无论是商场上，还是个人领域里都会有各种各样的途径去获得成功。其中一些人一开始就对自己的目标有着明确的定义；另一些人则是在前进的途中逐渐有了清醒的认识。

我们前方没有一个大目标的话，我们必然漂向失败的终局。

毫无目标的我们，生活就如同一艘没有航海图的船；我们或许会立刻遇上我们喜欢的事，但也许会没有方向地漂泊，总是充满期待，却永远找不到我们想靠岸的地方。跟我们长大成人一样，生活目标也会成长。自然而然的，在我们达到一个顶峰之后，就会环顾四周寻找更高的山，作为下一个攀登的目标。生活中，不管我们是前进还是后退，我们只要小心谨慎地计划，我们就可以确使自己朝着正确的方向前进。

寻找人生的灯塔

要到达目的地，先得知道自己究竟欲往何处。

听起来很合理，不是吗？但是有无数抑郁不乐、心存不满的人，只想过一天算一天。他们就像是一块浮木，在人生之海上随波逐流。能找到怎样的工作，便担任怎样的职务，而且做事情能省力就省力。他们最高兴的是午餐时间、发薪日，以及5点钟下班的时候。

我们的目标如果只是混过一天，回到家，一边喝啤酒一边看电视，那当然可以做到。可是难道这就是我们生活与工作的目的吗？

享受工作乐趣的一个要素是设定明确的生活目标，这些目标要能反映出自己最重视的事物。

设定目标先要有梦想，渴望做成那一件事。妥善的计划就像是引导我们抵达目的地的地图，上进心则是不可或缺的燃料。但是首先要有目标，因为如果不知道自己意欲何往，走任何一条路都到不了目的地。甚至即使达到目的地，也很可能不自知。

多数人不愿设定目标。他们觉得这样既僵化又乏创意，信手拾取可行的方式，行其所当行，止于所不可不止，是要容易多了。因此大多数人从不设定目标，结果他们每天忙的都是些细枝末节或不急之务，他们没有集中心力从事有助于达到目标的活动，却只是企求幸运而“随缘随分”。

没有目标的工作无乐趣可言，只会让人徒劳无功、挫折日深，终于养成消极的态度和脆弱的自尊。漫无目标的努力就像乘一艘没有舵的船在航行，我们无力推动船只航向停泊的港湾。

另一方面，世上几乎没有任何事物可以阻止态度积极、目标明确的人向前迈进。

希腊哲学家亚里士多德曾写下成功与幸福的公式，他写道：“首先，要有一个明确可行的构想，也就是一个目标。”其次，他建议用任何可行的方式，诸如智慧、金钱、物质等方法来达到目标。第三，调整所用的一切方法，直到成功为止。

获致成功的第一个步骤，是随时不忘自己的目标，一切行动都朝这个目标推进。这里我们所谓的成功，就是梦想的实现。

成功的责任在自己

受到恐惧、怠惰和贪婪的驱使，越来越多的人采取效率低、品质劣的工作态度，道德标准也日益降低。这些误以为可以不劳而获的人十分可悲。

不错，我们可以推卸责任，但推不掉不负责任的后果。林肯说过："该负的责任，逃得了今天，逃不过明天。"

我们可以放弃对自己的责任，逃避对他人的义务，然而最后的结果将是失去本身的自由，忧愁苦恼过一生。

负起责任，我们才能自在为人。负责任就是尽我们所能，善用我们的心智、才能和技术，并发展新能力。负起责任，我们才有力量主宰自己的事业方向和成果。

人的一生，经常要在权利与责任、贪婪和欺诈之间做一选择。如何决定，端看我们自己。

除了因身体不适或内分泌失调所引发的心理不安等极端事例之外，一般而言，心理健康和事业成功的关键在于对自己负责。自知有能力掌握自己命运的人，必能不断达到目标。他们了解，种什么因，得什么果，这事百分之百要由自己负责。

一切完全由我们决定。外界的事件、身体的机能和情绪的反应，都在我们掌握之中。享受工作乐趣的心法，要点就在于了解生活中的每一件事都是我们自己愿意让它发生的。其实我们尚有许多其他方式或途径可供选择，只是我们不愿去想，或一向认为不可能罢了。

请记住，生活中发生什么事故并不重要，重要的是我们如何看待这些事故、如何处理这些事故。如有任何人或任何事可能打击我们的信心，我们要坚持一切由自己掌握的原则，不要坐困愁城，束手无策。要赶快保护自己！对自己的反应负起全责，我们便学会了如何应付并适应工作的紧张压力。

所以，我们不应将责任归咎于自己的身体状况或上司以至政府，是我们在决断、创造，并在这个世界上争得一席之地。一切荣辱归之于我们自己。

实现自我创造

在我们的生活中，每天有一个基本的原则在运作着，它的运作塑造了我们的人格。这个原则是：我们每实施一种行为，就加强了我们这种行为背后的意念和动机。

这个原则听起来似乎太简单了，无法解释很多现象，其实不然。这句话有很多不同的说法，但不管怎么说，绝不会比上面那句话更复杂。这个原则是千真万确的，它可以解释构成我们整个人格的所有感觉、态度和信念。我们不想把这原则弄得太复杂，只想提高它给人的真实感。目前该做的，是把它的意义弄清楚，到底它蕴藏着什么。

这种意念或感觉可能是我们对自己的概念，也可能是对别人或整个世界的概念。不管这种意念或感觉是什么，都会因我们的行为而增强。

实施一项行为，就好像在我们的心版上重新刻画引起动机的讯息一样。如果不做这项行为，讯息就会慢慢减弱，像电子显像屏幕上的影像逐渐消退一般；如果做了一项行为，就会使影像更明亮、更清晰。相同的行为越多，这种情形就持续得越久。

接下来，我们得花点时间了解这个原则，看看它是怎么发生作用的，到底有什么作用。许多因素使这个原则在运用时显得模糊不清，所以我们得先弄清楚这些因素。这些因素当中最重要的，可能是我们常常没有办法觉察到隐藏在自己行为背后的意念，以致无法将动机、行为和动机的强化联想在一块。这里就是要帮助我们认清，我们的许多行为背后到底隐藏了什么。

例如，如果我们现在一直致力于证明这篇文章是谬误的，我们就会越来越热衷于找出谬误的地方，最后不管有没有理由，我们都注定要认为这个原则是谬误的了。

在生活当中常常会碰到这种情形。在某次聚会中，李涛信口批评了某部电影。起初他反对这部电影的态度可能不很强烈，甚至对这部电影还有点喜欢，他的批评只是为了卖弄聪明而已。但是，出乎他的意料，别人并不是笑笑就算了，有人竟然开始反驳他的论调。他顶了回去，另一个人又反驳他。李涛只好攻击这电影的另一部分，那人还是不肯罢休，他就猛烈批评整部电影及这位导演的所有作品，还批评别人的眼光太差劲。在半个钟头里，他对这部电影的基本态度整个改变了。下一次聚会，他首先谈的话题很可能就是这部电影，并且将这部电影批评得体无完肤。

到底是怎么回事呢？原因很多，不过其中很重要的一点，也就是上述原则的作用。李涛每次批评这部电影的时候，都有一个信念作为他行为背后的动机，即相信这部电影一文不值。这个信念在他选择了这项行为之后，就受到了增强而更加坚定，

事情总是这样的：将一种感觉、态度或信念付诸行动之后，我们就增强了这个信念。经常运用这样的行为，就会使自己产生那种感觉。

对我们来说也一样。如果我们了解这个原则在生活中运作的情形——就可以用来保护自己了，保护自己对抗不情愿的改变，或不情愿的一成不变。称依循这个原则的成果为“自我控制”，或者称为“自我解放”会更好一点，但最好还是称为“自我创造”。

停止否定性的语言

孩提时，我们常听到：“你绝不可”……“不要捣蛋！”……“鞋子不可以放在那里！”……“不要错过公车！”……否定和禁令是无止境的——许多、许多的“不”。知道成人间彼此如何交谈吗？这儿有一个好玩的练习，你可以和他人一起做做看。

在一天中决定一段短暂、有时限的时段，彼此在谈话中不使用“不”或“不要”这样的字眼，然后持续一星期。例如：每天的 9 点 40 分到 10 点（先试 20 分钟），所有的交谈必须没有“不”这个字。刚开始我们会觉得好玩，对文不对题的另类叙述开怀大笑。

开始之际，三心二意是无法奏效的。因此，请决定在一天中某个时段不说“不”。几个星期后，也许可以在下午增加一个时段。之后，我们延长这些时段。交谈中不使用“不”，我们会发觉什么事不一样了，我们会觉得舒服许多。

注意，这里不是说“不”不好或禁止使用。我们所说的是，当我们省略使用这个字，而尝试用别的方式来表达自己时，奇妙的事就会在我们的周围发生，这是很有趣的。我们会做得越来越好。

从内心改变

当另一半要求我们改变行为时，为什么我们会那么激动呢？是不是我们害怕失去自己人生的控制力，或者是害怕迷失在两人关系里？

我们如此顽固地眷恋“我们是谁”的想法，执著在那些我们用来学习认同时的双关语和手势的运用上。事实上，我们害怕迷失的并不是起初的自我。我们的本质已被埋葬在习惯和防御的硬壳之下。

伴侣向我们要求的，其实不是不属于我们的事情，它们深藏在我们心里，只是因为不使用而萎缩退化了。我们已经向真实自我的路上迈进了一步。许诺伴侣对我们提出的行为改变的请求，看看是否能够认清自己埋葬的部分，正是那些需经改变而浮现的部分。

在亲密的婚姻关系里，实践诺言是很重要的。

我们在浪漫的过程中所做的种种承诺哪儿去了？我们宣誓永恒不变的爱，我们的专注、忠贞和互相扶持、财务支持、美满生活……我们当时是真心真爱要信守诺言的，不是吗？

承诺乃是神圣的信任，而当承诺被打破时，我们便觉得被背叛。虽然我们的童年可能散落了破灭的承诺，但我们必须克服伤痛和不信任，以改变我们关系中的情况。保守承诺是相当重要的，大至结婚时彼此的誓言，小至我们每天同意的事。那意味着我们应该谨慎地许下承诺。以“不，我没办法答应这个周末和你出游，因为我很有可能要加班。”比随便说“好”息事宁人，或避免伴侣当时可能有的失望神色要恰当。诚实就是亲密关系中最佳的保单。

不做旋转的陀螺——自控

我们的心态是形成我们人格的最重要因素。

我们对自身的观点会强烈地影响到其他人对我们的看法。如果我们是一个自信、兴致勃勃而又积极的人，我们的工作伙伴、朋友和家人都会被我们的个性所吸引。相反的，如果我们总是不快乐、消极，老爱埋怨自己的处境，别人也会对我们敬而远之。即使在某些时候，我们觉得不快乐，借着强迫自己表现积极些，我们就会发现，自己很快地振奋了起来，因为人们潜在的心灵是无法分辨出乔装出来的情绪和真正的情绪有何不同。当我们表现得积极又有热情，我们就会影响周围的每一个人——包括我们自己。我们无法控制他人的行为，但是，我们可以控制自己对这些行为所产生的反应，而且这的确只有我们能控制。

如果我们不愿意，没有人能使我们产生任何一种负面的情绪，包括：愤怒、恐惧、甚至自卑。总有一些人喜欢欺凌别人，从中获得一些恶意的乐趣，也有些人利用操纵我们情绪的方法从中取利，满足其自私的目的。他们是不是能如愿得逞，都完全取决于我们自己，看我们对他们恶劣的行为如何反应。

如果我们迫不得已必须和这样的人来往，一开始我们就得了解，他们想激怒我们，并不是因为我们做了某些不利他们的事，而是因为他们本身就有问题。我们告诉自己："这和我无关，我不会让这些人使我自己难过，我的情绪和我自己的生活，都在我自己的掌控之中。"

任何一个人的身上都可能拥有我们所欣赏的人格特质。

玛格丽特·伍尔夫曾经说过："美是存在于观看者的眼中。"她的看法和我们平常所说的"我们在别人身上看到我们所希望看到的"，恰好不谋而合，每个人都是相当复杂的综合体，综合了好的与坏的感情、情绪及思想。我们对别人的想象，是奠基于我们自己和我们对他人的期望之中。如果，我们相信别人是好的，我们就会在他身上找到好的人格品质，如果，我们不这么认为，我们就不会发现。

如果我们本身是个积极的人，我们就比较容易发现其他人积极的一面，当我们持续地发展自己、提升自己时，别忘了要养成习惯，在别人身上发掘这些特质。看到别人的缺点很容易，但是，当我们在别人身上看出优秀的人格特质，并衷心祝福别人的成就时，我们就能结交一些能同甘共苦的好朋友。

真诚面对批评

终此一生，我们都得面对别人的批评，尤其是对你关怀备至者的批评。我们都知道自己绝非毫无过错的人，但如果被批评得太过火，我们可能会开始伪装自己。为了自己，也为了别人，学会接受批评，是对我们成长很重要的事。

即使有人喜欢对我们吹毛求疵，或经常和我们发生冲突，我们也不要掉进这个陷阱，和他争吵或自认为完美无缺。

既然每个人都可能偶尔犯错，我们要学的自然是怎么少犯错。如果不知道怎么少犯错，可能会开始逃避批评。一旦我们开始逃避，我们就会开始害怕它。

很少有人真正喜欢被批评，甚至还有很多人设法避免被别人批评。他们对批评有特别的恐惧感，只要一有人指出他们的过错，他们就开始保护自己。在这种恐惧的笼罩之下，他们尽可能不去接触会遭受别人批评的场合，结果不但失去许多经验，也失去了许多有益的批评。比方说，他们宁可找个非常简单的工作，或找个对他们要求不多的伴侣。他们可能对接受批评的益处一知半解，因为他们一面驳回别人的批评，一面又偷偷地注意别人在说些什么。他可能会反驳："佳佳，别开玩笑了，谁会在乎我花两个钟头吃顿午饭呢？"结果他们还是我行我素，可是也许佳佳下次就不愿意把她的想法说出来了；或许她遭到这次反驳以后，再也不敢轻易和他讲话了。恐惧批评或憎恶批评不但使我们丧失友谊，还会失去许多忠言。

有一个值得讽刺的现象。我们怕自己的缺点会使自己不被爱或无法成功，就尽量掩饰这些缺点，掩饰的结果，反而增加我们的恐惧。妄想在这时候也开始萌芽，只要我们一听到有人说："另外，你做错了一件事……"就觉得他一定看穿了我们，知道我们有一些不为人知的缺点。如果这个人是我们的朋友，这份友谊只好结束了。我们还会怪罪自己的缺点害得朋友都背叛我们。其实，我们很可能是利用这种方式逃避批评。一次又一次地逃避，结果就成了永无止境的恶性循环。下次如果有个朋友提出反对意见，即使非常温和，或只是很平常的抱怨，都可能使我们觉得又被背叛了。

打破这个循环的唯一方法，就是面对批评，甚至鼓励别人给我们批评。单是跟自己说下次一定要接受批评是不够的，我们得学习辨认自己逃避批评的几个方式，而且避免那样的逃避方式。

信仰引导自由之路

信仰无法带给我们所希望的东西，但可以为我们指出前进的方向。

韦伯斯特为信仰下的定义是："对于真理、价值，或值得信赖的人、事、物所抱持的坚定信心，这种信心毋须合理的解释或实质上的证据。"信仰是一种模糊而抽象的概念，一种接受未被证实，而且或许永远不会被证实的事情的意愿。对于自己拥有某种成就的信心并不代表我们就一定能达成目的，但是可以给予我们完成梦想所需的勇气。

在我们一生中，一定会有许多次我们怀疑自己的信念是否正确。但我们一定要接受基于"我必能成就大事"的直觉而产生的种种事实。无疑，当我们无法完成自己期望做到的事，必定会感到失望；然而我们若对自己毫无信心，我们将永远无法发挥潜能，因为我们拒绝尝试。

一个人能平静地接受自己，就可以心平气和地面对世界。平静并非别人能够赠与我们的礼物，它只能发自内在。要使内心达到祥和的境地需要一生的努力。我们周围的环境不断改变，人与人之间的关系亦不停变动，因此我们内在的安全感时时受到威胁。越是重大的变故，越使我们感到不安。我们可以在面对人生的挑战中成长，使心智更趋成熟，从而更有效地处理一辈子所经历的起起落落。我们在逐渐长大的过程中，要确定在我们个人的生涯规划里，除了身体及头脑的训练之外，精神上的磨炼亦不可忽视。

我们要是不能常保心平气和，我们就不算是完全自由的人。心灵的平静是一种解脱。当我们对自己有充分的信心，而这种信心是建立在对于既定目标的达成能力之上，我们内心的平静将不易受到外界的干扰。因为我们知道我们对自己所抱的信念是正确无误的，我们能自在地追求理想，只要不违反公理、不损害朋友的利益即可。

我们在充实精神生活时，应多读些哲学家及伟大作家穷毕生之力的创作。对于那些宝贵的想法，那些经过历史上许多思想家验证的想法反复玩味，可以帮助我们探索自己内在的感受，并使我们成为更能善解人意、富有内涵的一个人。只有当我们充实自我并且时刻反省，所产生的信心才能使我们有真正的安全感，从而获得内心的安宁。

“不要骑进坑里”

了解到“不要”这个词，影响生活之大，对我们很有用。这里有一个关系孩子的例证。这是一个不错的例子，相当浅显易懂。如果应用在成人身上，也会得到相似的结果。例如：我们正在教一个四五岁的孩子骑脚踏车。那崎岖不平的小路，路边有一个坑洞。我们站在孩子的后面，扶着车座，准备让他开始骑。我们在孩子耳边喊着：“不要骑进坑洞！前面有一个坑洞！不要骑到那里！”

我们放开脚踏车，孩子摇摇晃晃——砰地一声！直直跌进洞里！就在我们声嘶力竭的警告之后！

我们可不可以知道，为什么有这种结果？是的，当然可以。

我们的潜意识无法接收“不”这个字。

我们的潜意识，只能接收明白的影像。

我们的潜意识是以影像运作的。当我们说“不要骑进洞里”时，孩子的潜意识产生什么影像呢？

或许，这么说比较好：“我放手了，你会骑在小路的中间，你会很安全，直线前进，祝好运！”

正面的影像会一直在那儿。

彼此练习，互相帮助对方创造“光明”的影像，就会带来喜乐，而且事情便容易掌握。潜意识充满了有力与肯定的影像，这些影像让每一件事多彩多姿。

如此下去，刚开始我们会觉得这样做有点奇怪、有些好笑。之后，我们将突然发觉，自己很自然用正面、有建设性的目标影像与人沟通，而且感觉很不错。我们周围的人也同样蒙受好处。

无条件地全然付出

我们的一生中有时会在刹那间猝然醒悟。我们发现，每一件事情都遵循着一个模式发展，而那个模式美妙地契合无间，成为一个整体。

当然，我们并不总会有这种感觉。我们都偶然会有“那样的一天”，在那些日子、时刻和钟点，我们发现所有的好事全都发生了，我们的生活进展得顺理成章，而我们得到的正是我们所需要的。

这样的醒悟认出了模式，而这样的认知就是懂得，在每一件事物的中心，一切都是相互联系的，都由爱连接在一起的。

无条件的爱是绝对地接受。这种爱的本质是接受个人身上永恒的东西。这种爱观察的范围超越了缺点，进入到种种可能性里，想象在时间以外的时间里的另一个人，而且理解并非完美无缺的个人身上的完美性。

只有无条件的爱才能提出难以启齿的要求。它能够要求任何东西；对任何东西的要求，它都是从已经把另一个人看作完美无缺的有利地位上提出来的，它没有像判决、取笑、批评、褊狭和不耐烦那样，让人们的心灵饱受折磨。

无条件的爱按照爱的形式把它的对象重新加以塑造。无条件的爱产生无条件的爱。让为我们所爱的人去和除了我们自己以外的一些人建立密切的关系，去爱他们，支持他们和抚育他们，是把我们的爱提高到了一个更高的层面，使之扩展到了精神领域里的措施。

允许我们的丈夫去安慰我们的那个最要好的朋友，让我们的妻子去鼓励我们的兄弟，允许我们的孩子去和住在同一条街的另一头的一家人一起去度假，把我们的牙医、按摩师和辅导老师介绍给我们知道会从与之有关的治疗中得到好处的人，我们就扩大和延伸了我们的爱心施加影响的范围。

张开我们的关系网络，将之与人分享，这违背了我们内心占有欲的那个神话的核心：我们把我们所爱的人视做禁忌，他人不得染指。然而，控制和占有同爱心恰恰背道而驰。尽管我们与人分享的时候会冒风险，可是，在让我们周围的人分享我们遇到的好事，也会使我们从中感觉到令人难以置信的愉悦。

保持一颗纯洁的心

每个人都会依据自己的想法行动。期待别人的想法和自己相同，就好像希望他人的体型和自己一样，是一种狂妄自大的表现。

别人的想法和自己不一样便瞧不起他人，甚至把对方当作异教徒迫害，这是不对的。大致上来说，人是只能以自己所想的去想，以自己所相信的去相信的生物。其实，故意说谎的人或捏造事实的人，都应该受到指责。

没有任何事比说谎的罪孽更深重、卑鄙与无聊。如果说谎是带有敌意、胆怯或虚荣心时，很少能够达到目的。即使自己说谎后隐瞒的很好，迟早也会被识破。

例如，为嫉妒某人的幸运或人缘好而说谎，或许暂时并未伤害对方，然而，最痛苦的还是自己本身。因为当谎言被拆穿

时 (一般都会被拆穿)，自己所受的伤害最大。

为了自己的言行不当说谎，或者因为怕名誉受损而说谎，反而会引起自己内心的不安。同时，说谎者可以说是人类中最低级、最卑劣的。

万一不小心犯了过错，与其为隐瞒自己的错误说谎，不如坦白承认比较好。因为这种做法是补偿的唯一方法，同时也是唯一取得他人谅解的方法。

为了隐瞒过错而支吾其词或进行欺骗的行为，多半会给予人一种不好的感觉。因为这种人会自然地显露出害怕。而且，做这种事很少会成功。

假如我们不希望伤害到良心或名誉，立志成为非常出色的人，那么就不要说谎，保持一颗纯洁的心。这是每个人应尽的义务，同时也是为了自己的利益着想。或许我们已经发觉了，越愚蠢的人越容易说谎。只要看这个人是否经常说谎，即可断定他的智能如何。

“更少”常常意味着“更多”

金钱、财产和名誉——全都是好东西，从某种角度上看，它们的确是成功的象征。但是对有些人来说，所谓的金钱、财产、名誉和权力并不具有什么意义。他们或许没有闪光夺目的成功标记，但是，在他们生活领域，他们一样干得非常出色：

·挣钱养家，自得其乐；遵纪守法，造福社会。

·考入大学，获取奖学金，得到学位；或者只是坚持完成高中教育。

·让人信赖，积极参加公益服务，或者在别人需要的时候帮一把。

·制定退休计划，享受退休生活，有时间嗅一嗅花儿的芬芳。

·保持身体健朗、思维敏捷，注意节食减肥，以及遵医嘱加强锻炼。

人们对于成功的看法真是五花八门。有这样一位商人，他在增加薪水和提升为副总裁之间，毫不犹豫地选择了后者，因为那正是他所追求的“高峰”，于是他努力争取，终于获得了成功，并且过得十分快乐。

我们认识两位这样的老师：他们虽然收入颇低，却一样忘我工作；他们所期望的成功就是能为学生打开更加广阔的知识天地。同样，保护森林、清洁湖泊与江河、减少大气污染也正是那些环卫劳动者孜孜以求的成功。

医学研究中的一项重大成果——发现了克癌新药或是通过某种移植手术能够挽救病人的生命，对有些人来说，这同样称得上最伟大的成就。在这里，医学上的“专有技术”毫不逊色于商业上的“技术”，而且它所需要的费用同样大得惊人。

总而言之，世界上存在着形形色色的“高峰”，这也就是我们必须缩小范围，准确定义，牢记目的地的原因。

朋友是至高的财富

我们只是在需要帮助时才打电话找朋友的话，我们将发现朋友都离我们远去。

曾有一句老话说："我们如果需要朋友，就先成为别人的朋友。"友谊是基于不求回报的给予之上。忙碌而成功的人士应主动寻找新朋友，我们想与他们建立友谊，就得先努力协助他们。让他们知道我们对他们跟对其他人一样，而不是对他们所能为我们做的事感兴趣；如此我们也许会发现，我们已建立起真正且忠诚的友谊。

朋友的种类会因我们而异，绝非一成不变。

我们的朋友所表现的态度是由我们造成的。我们如果总是乐于助人且设身处地替人着想，我们的朋友必然慷慨大方。我们若视友谊为理所当然的事，并常常对于自己的付出要求对等、甚至更多的回报，我们的朋友将都是这种性格的人。这正是物以类聚的道理。我们的行为往往表现出我们是哪一种朋友。试着评估自己，我们是否喜欢一个行为像我们自己的人成为我们的朋友呢？我们是否能够毫不考虑回报地付出？又或者我们只是要求别人为我们做什么，却吝于助人呢？我们花时间跟朋友保持联络吗？记不记得那些对我们的朋友来说，意义重大的事？我们要是成为一个只关心自己的事的人，遗忘了朋友的存在，那么不用多久，我们将失去所有的朋友。

我们只想跟很多人“认识”的话，想办法致富。我们想要真正的友谊时，我们得先成为一个好朋友。

钱能使我们充满吸引力并让一群人依附我们。当然这些人是因为我们对他们有所帮助才跟我们一起。这只能说我们与他们相识，但我们与他们并非朋友。我们富有的话，就会有许多“熟人”；而不论我们在何种社会阶层，处境如何，不先让自己成为一个益友，我们将永远不会拥有真正的朋友。慎选交友的对象，与积极进取并对“你”这个人感兴趣而且会鼓励你努力向上的人交往。

如果我们不得已非让某人失望不可，千万不要是在我们失意时帮助过我们的人。

我们是健忘的。我们的心思很容易被欲望及眼前的事物所占据，于是很容易地忘记了朋友。我们经常在想要做的事与必须做的事之间做选择。当我们要做这类决定之前，先确定我们没有背弃那些真正的朋友，那些在我们需要他们时伸出援手的人；不论在何时，处于何种状况下，我们都不可以放弃这些忠实的友人。当我们背弃在我们最需要时曾帮助过我们的朋友，我们不但伤害了彼此的友谊，也严重打击了我们的自尊。不管当时我们的负担有多沉重，我们让朋友失望，其实也是让自己失望。要是我们真的没有办法避免这种情况，也要想想其他的办法来补偿他们才好。

归咎自我是唯一的危险

坦然接受批评不是易事。我们都怕出错。自小师长便教导我们犯错是不好的事，会使我们失去亲友的疼爱。但是我们可以学着不让情绪左右行动。

受到批评，不必感到失望、不平或愤怒，而应把精力用来研拟一项明确的计划，以平息批评，重新起步。与有关的人共同研究我们的计划，不要浪费时间和精力彼此抱怨，应该共同努力，解决问题。

有时候我们又太勇于自责了。我们会说：“这都是我的错。我什么事都做不好。”如果是我们的错，自责倒也无妨，但明明不是我们的错而强要自责，便有危险。喜欢自责的人内心常有“我是笨蛋，我是失败者”的想法。这么一来，下次我们又会犯同样的错误。或是我们误信自己的确是笨蛋，而根本不再尝试了。奇怪的是，我们的确能安于失败。不花脑筋地自怜要比绞尽脑汁分析自己，筹思下次如何成功容易多了。

另一方面，如果我们不愿从错误中学习，我们便会千方百计地掩饰错误。隐藏的错误会成为我们工作上的毒瘤，甚至危害到我们的人际关系和公司本身 (尤其如果我们是主管人员的话)。掩饰错误就像掩饰的癌症的症状一样，将导致整个机构的瓦解。我们如有责任心，应勇于认错。我们应该对自己这么说："我的能力不仅如此，下次我会表现得更好。"或"我没考虑到这个，以后我就知道该注意这件事了。"

逆境中可能发生的危险只有一个：不当地归咎自己。

我们若开始以失败者自居，便会真的成为失败者。"我们认为自己是怎样的人，就会真的成为怎样的人。"这句格言在此处同样适用。自认不善与人沟通的年轻经理，将会发现自己真的很难激励部属，进而更相信自己确实有此缺点。一位总经理的助理小姐，始终难以忘怀自己在高中时代的舞会中老是坐冷板凳，结果现在也老是觉得，自己在工作上人缘很差。这些人都是自取其败，他们下意识的行为吓走了别人，倨傲自大甚至蕴含敌意的态度让别人备感受威胁。其他诸如业务员、商人、医生、律师等各行各业的人，若没有健全的自尊心，都会面临相同的局面。实际经验似乎"证明"了他们对自己的看法是正确的。正因有此客观的"证明"，他们很难发现自己的毛病出在对自己错误的评价上。

跳出权力挣扎

权力挣扎的另一个刺激是在某些点上，伴侣们发现对方曾经深深吸引他们的特性，现在却成了一种要命的缺点。丈夫对问题的理性取向，就是开始想他已经被排山倒海的喋喋不休埋葬很久了；她性趣盎然，曾经一度努力帮助他克服压抑的情绪，如今带给他的是极端的焦虑。他们正在揭露那长久以来在彼此身上存在，却未被对方发现的部分，而那些部分是他们一点也不喜欢的。伴侣们在这一点上犯的错误就是相信，冲突代表他们嫁（娶）错对象。但事实上，他们的对象本无所谓对错。

我们对权力挣扎的忽视延伸成一连串错误的假设，那严重地折中了我们应付冲突的事实：

“你知道我想要什么，所以我不必要求。”

我们的伴侣并非读心术者。即使他们不问，我们也必须告诉他们我们想要什么，以及我们脑子里在想什么。

“假如我造成你足够的痛苦，你就会达成我的需要。”

那么，的确在短期间内，伴侣会做些事阻止我们发怒或叫我们住口——就像对小孩一样，而最终我们的伴侣一定会对痛苦的来源施以报复。

“你之所以存在都是为了我。”

伴侣不只是独立且不同的人，同时也是和我们拥有相同价值、相同权利的人，我们只是要和伴侣分享彼此生活的人。

“假如你愿意，你就可以达成我的需要。”

唯有清楚明白地告诉伴侣我们想要什么，也唯有当他们不是被强迫时才有可能。

仔细回想伴侣所做的和所有对我们有意义的相关事件。然后注意我们当时的感觉，同时要求自己用一个字眼或只言片语描述它们。重复这个过程和步骤，直到我们能够辨认出与每一项行为相关的情感。

诚心接受劝告

一般说来，人们是不接受劝告的，即使是再好的劝告也一样。甚至当这个劝告是免费的，而且出于爱心，也还是如此。想想我们自己吧。我们什么时候真心诚意地接受别人劝告？我们什么时候对自己大声说："这个主意太棒了。这个方法可比我原来做事情的方法好多了。"在我们的文化中，几乎从未听过这一类的谦虚，可是其中的智慧却值得我们的深思。为了成长，我们必须用不同的方式来看待事情。我们不应该一再重蹈覆辙，如果他们并不奏效的话。相反的，我们想要打开眼界，接纳改善的新方法。可是，如果我们拒绝衷心接受他人的建议，我们如何能用不同的方法来看待事情呢？这个道理似乎再明显不过了。

有时候，我们不愿接受劝告纯粹是出于固执。我们想用自己的方法来做事情——即使它根本行不通！还有时候，我们是出于害怕，所以回避劝告。我们可能是害怕在他人面前出丑，或者显得笨拙。还有，我们也可能是怕我们所得到的劝告帮不上忙——如果我们自己都想不出来，就没人想得出来了。有时候，我们得到差劲的建议，或是太多建议，我们绝对不要重蹈覆辙。

我们在这方面的建议简单而直接：接受劝告。当我们肯定他人的力量和才干时，人生就变得简单多了。毕竟，如果我们绝对知道如何让人生变得更好，或更成功，我们早就已经开始了。可是，如果我们的人生有任何一面还在苦苦挣扎（我们都有这一面)，我们就需要劝告。

我们确定我们的人生能得到某种程度的成功的主要原因是，我们绝对愿意去搜寻、倾听，而且通常都接受劝告。这一点让我们的人生变得如此顺利，有时候甚至对别人不太公平。我们应该喜欢征询劝告，尤其是向能干的人请教。我们深信，如果有人们辛辛苦苦得到某种程度的成功，而且乐于助人，我们一定是笨蛋才会不听他的心得！我们大概早已知道，每个人都爱给别人劝告。倾听别人，真的接受他们的劝告，我们不但可以得到好结果，而且对他人的喜悦也有贡献。

不幸的是，许多人都错过了最有把握的制胜捷径之一：接受劝告。通常，当一个人苦苦挣扎时，他或她已经接受主要的突破点。他们其实离达到目标和梦想只有“一步之遥”。只要他们肯张开双眼看看自己的盲点，用一点不同的方法来看待自己的做法，他们的成功就会惊人而确定。我们有些朋友和家人也属于这一类。他们才华横溢，在濒临伟大的边缘，或者濒临有意义地改善他们生命的边缘。然而这一点小缺点——不愿倾听别人的谈话，而且绝对不愿意接受劝告——不断阻挡了他们的去路。不要让这个小障碍挡住了我们。劝告就在外面。人人都想帮我们。允许我们自己接受帮助，我们的生活品质就会突飞猛进。

需索前先付出

常常有些明明跟我们只有一面之缘的人来找我们帮忙。

“请借我钱！”

“请当我的保证人！”

“请帮我搬家！”

“我想出书，请帮我介绍出版社！”

可是那些想要我们帮忙的人，却一点也没有要为我们做些什么的意思。只会要求人家帮他做事的人，久而久之，会让人越来越讨厌，到最后，可能就没有人理他，而运气也就越来越差了。当我们有求于人的时候，最好在拜托他人之前，就先为他做一件他最想做的事吧！当我们为他的人生出了一已之力之后，他也会为我们助他一臂之力，即使那个人没有帮上忙，像这样能够为人出力的人，也是最能受人喜爱的，而只要能够受人喜爱，我们的机会就会越来越多，幸运也就会降临在我们的身上。但是，值得注意的是：不可以因为我们帮了人家的忙，就要马上要求人家的回报或是幸运的降临。

因为幸运常常都是在我们没有预想到的时候降临在我们的身上。另外，如果我们只一味地期待对方的回报，我们的心灵就会渐渐地变得贫穷。

我们应该要有这样的体会：如果我们希望对方能为我们做些什么的话，就先为他做些什么。只要我们能贯彻“持续奉献”的精神，我们的人气一定越来越好，到那时，主动为我们着想为我们付出的人一定很多，这并不是说我们对甲好，甲也一定会对我们好，但是只要我们真正付出了，一定会有人对我们好，也许是甲，也许是丙，更可能有来自四面八方的帮助与爱，许多人为我们的人格魅力所打动，他们对我们好，也同时对更多的人好，这个世界真是到处充满了爱。

正视自己的错误

我们可以问自己的最重要一个问题是："我是想要'对'，还是想要快乐?"许多时候，这两者只能选择其中一个而已!

选择要"对"，就是要防卫我们的立场，这需要大量的心理精力，还会将我们跟别人隔绝起来。需要自己"对"等于需要别人"错"，结果激起别人的防卫心，也增加自己的压力，继续保持防卫。然而，许多人却花费大量的时间和精力，尝试证明（或指出）自己是对的，别人是错的。不论有意或无意，许多人都相信，让别人知道他们的立场、声明和观点不正确，是自己的职责所在，而且这么做一定会让他们所纠正的那个人感激他们，至少也会学到某些事情。

好好想一想。我们是否曾经被别人纠正，还向想要证明他是对的那个人说："真谢谢你，让我知道我错了，你才是对的。现在我懂了。天啊，你真好！”当我们纠正别人，或牺牲他们来证明我们自己是“对的”时，是否有人曾经向我们道谢(甚至同意我们的看法)？当然没有。事实上，人人都痛恨被别人纠正。我们都希望自己的立场能够得到别人的尊重与了解。人心最大的欲望之一就是能够得到别人的倾听。学会倾听的人是最受喜爱与尊重的。那些习惯纠正别人的人，是最惹人厌也最没有人缘的。

想变得更安宁更亲切，最好的策略就是练习让别人享受“对”的乐趣，把荣耀归给他们。不要再纠正别人了。要改变这个习惯虽然很困难，却值得努力一试。当某人说：“我真的觉得这是很重要的……”不要插嘴说：“不，更重要的是……”或者做别的对话编辑形式，只要让他们的声明成立就行了。我们生命中的人们就会降低他们的防卫心，变得更亲切。他们会比我们所能梦想的更欣赏我们。我们将会发现参与和见证别人的乐趣，这可比自大的战斗更有回报。我们并不需要牺牲我们内心深处的哲学真理，或最真诚的见解，那么，我们可以从今天开始，练习大部分时候都让别人对吧！

成败皆是良师

只要一息尚存，就有希望。不论遭遇何种不幸，只要能继续生存下去，就证明了自己不是失败者。

不论发生什么事，决不要认为自己是失败者，反而要阻止消极的思想侵蚀我们的心灵。不要落入不满陷阱，变得忧郁、蛮横或愤世嫉俗。处境不顺时，千万不要借酒精或药物来逃避现实，这些东西对心灵迟早会产生压抑的效果。最重要的是，不要与其他失败者同病相怜。不幸的人喜欢结伴同行，我们那些什么也做不好的同伴可不愿见我们脱离苦海，他们要我们和他们一起沉沦下去。

自以为别人都与他作对、尖酸刻薄的人，比癌症患者还要不幸。事实上，有些医学专家便说，这种精神上的堕落确实可能导致癌症。但是，毒瘤可以用手术割除，恶劣的情绪却不能割除。只有我们自己有力量纠正心理的偏颇，重回健康、富有和幸福的正道。

我们也可以从成功之中学习。不要像许多糊涂人那样：“我成功了！可是我不知道是怎么成功的。”这种人虽一时成功，却很少能继续维持不败，因为他们没能从成功之中学习。

当我们成功地做好一件事时，我们应该：

1.了解成功的因素。下次我们可以如法炮制。

2.设法寻求更好的方法，以便下次能做得更好，并且随环境的变化调整方法。任何事都有可以改进的地方。

3.再次尝试之前，想像自己处理事情或应付客户与上次同样顺利。

4.着手追求再次的成功。

注意这些步骤与从失败中学习的步骤相似。我们可以看出，我们过去是成功还是失败并不重要，重要的是我们能不能从过去的经验中汲取教训。

失败并不可耻。我们若跌倒，请记住！这只是在成功道路上一时的延迟。不管是成功或失败，都要把眼光放在未来，想想下一步该怎么走。不要回顾，永远前进。这样，每一项努力都会有所收获。

好好学习这一课，我们便掌握享受工作乐趣的关键了。

用心倾听爱的声音

用心倾听、全心全意关怀一个人，都是爱的表现。用心倾听也是一种修养，暂时把个人的成见与欲望放在一边，尽可能地体会说话者的内心世界与感觉。听者与说者的结合，事实上就是自我的扩张，我们必然能从中得到新的知识。尤有甚者，由于在倾听的时刻，听话者全心全意接纳对方，说话者也会对这种接纳产生感应，变得更加坦诚而开放，把最秘密的一面向听话的人敞开。双方更能相互了解，惺惺相惜，良好的人际互动才能展开。这是一种相当耗费精力的过程，只有以爱为出发点，靠着追求共同成长，扩充自我意愿，才能达到目标。

正因为用心倾听是一种爱的行动，所以婚姻是这种行动的最佳表现场所，可惜的是，很多人从不用心听对方说话。心理医生协助接受婚姻治疗的夫妇时，往往最主要的工作就是教他们彼此倾听。但由于这么做需要付出更多的精力，需要遵守更严格的纪律，超乎他们的意愿，因此失败也屡见不鲜。

这些夫妇听到要求他们约时间彼此交谈的建议，都感到震惊与不可思议。他们认为这么做太正经、太不浪漫、也太自然；但除非特别拨出时间，安排适合的条件，否则不可能真正做好倾听的工作。当另一方在开车、煮饭或感到困倦时，谈话很难不受打断而只能草草结束。几乎每逢成功地完成一次真心倾听，我们都会听到一方兴奋地说："我们结婚这么多年，但以前我从不了解你。"这时我们就可确知，婚姻已开始出现成长。

倾听虽是关怀的最主要的一种形式，但其他形式的关怀在爱的关系中也很重要，对儿童而言尤其如此。游戏也是一种关怀：跟幼儿玩拍拍手、偷看看；跟学龄前的孩子玩魔术表演、钓鱼、捉迷藏、打羽毛球等；读书给孩子听是一种关怀，辅导他们做功课也是如此。家庭活动也很重要，看电影、野餐、开车兜风、旅行、看球赛等。有的关怀形式纯粹为了孩子：例如坐在沙滩上照顾一个四岁大的孩子，或接送上小学的孩子到各个地方去。但这些关怀的形式有一个共同点——用心倾听也一样——就是我们得花时间在孩子身上。基本上，关怀就是花时间共处，关怀的品质与这段时间内集中精神的强度成正比。

如果运用得当，跟孩子一块儿从事活动的时间，将带给父母不计其数观察孩子、了解孩子的机会。孩子如何面对失败、如何做功课、如何学习、他们喜欢什么、不喜欢什么、什么时候勇敢、什么时候害怕——对充满爱心的父母而言，这都是不可或缺的信息。

关爱之行

关心人，就是能够想象到自己的言行会对另一方产生什么样的影响。它不是社交礼仪方面的一种瞬息即逝的浅薄形式，而是深刻体认到另一个人并不是我们自己。这也反映出我们的愿望，要在关于他或者她的感觉、境况、需要和缺陷等方面，对另一个人给予尊重。

关心人，就是把另一个人的需要置于和我们自己的需要同样重要的地位来看待，而且，不管何种场合，不管我们的日程如何安排，我们也会把那个人看作正在发生的事情里面的一个部分。

关心人，就需要我们在考虑问题的时候，至少暂时离开自己的立场。关心人，就得开始问：你好吗？你需要什么？这对你没妨碍吧？我还能替你做些别的什么事情？关心人，是淳朴热情地待人。关心人，会引起别人关心人……也关心我们。

当我们在感情光谱的一端抑制感情，必然也会在它的另一端抑制感情。反之，当我们让我们的活跃的感情在光谱的任何一端熠熠生辉时，我们也就让它在别的部分全都生机蓬勃，繁花似锦。

因此，如果我们想要感到自己活得精神饱满，感情充沛的话，我们就一定得感觉到我们的愉快和欢乐，我们的温柔和激情，同时也要感觉到我们的恐惧、愤怒、失望和失败。

要敢于在我们感情的整个领域里尽情地生活。不要由于我们唯恐乐极生悲而错过了享受欢乐给予我们的心旷神怡之感。

我们和任何一个我们曾爱过的人，或者他的爱曾经改变了我们生活的人，都深深地联系在一起——无论我们两个之间的关系已经发生了怎样变化，或者甚至已经结束，无论我们两个已经被时间、距离、经历，或者甚至死亡所隔离。

由于我们的爱和被爱造就了的人，将会永远延续下去，我们身上发生的好些变化，在构成我们的分子上面留下了记号。

我们和谁永远联系在一起？

当我们说真话的时候，我们就和别人进入到了一种彼此相爱的状态之中。我们尊重他们。我们相信他们要和我们一起站在真理的面前。

我们说出来的真话把我们和他们，以及和某个更大的真实，结合在一起，显示出自己能和它联合在一起。

当我们和真实的情况和谐相处的时候，我们在整个身心的每个层面上——我们的心里，我们的头脑里，我们的细胞里，以及和我们做出的每一个行动——全都处于和平宁静的状态之中。

真实就是爱。

称赞也是一门艺术

如果不希望对方发脾气，希望对方高兴；不希望对方说我们的坏话，希望对方多称赞我们，不希望受到对方憎恨，希望得到对方喜爱。那么，别忘了经常关心对方。

一般而言，每个人都有某种习惯、兴趣，以及喜欢或不喜欢的事情，所以，我们必须仔细观察，假如对方的嗜好与我们相同，我们不妨把它表现出来，相反的，我们要设法隐藏，如此一来，我们必定可以赢得对方的心。

同时，对方不喜欢的事情，不要因为疏忽而把它抖出来，否则，对方会误会以为我们瞧不起他，而且永远把这件事记在心里。

通常，一些贴心的小动作，往往比那些我们自以为了不起的事情，更能使对方产生感激之心。

相信我们能了解，即使是一点小小的关心，也能让对方感动得痛哭流涕，大部分的人都有虚荣心，但是，虚荣心能得到什么程度的满足呢？大多数的人，对于他们亲近的人所做的一切事情，多半会以好意来接受。

假如我们想让某个特定的人喜欢我们，或者和某个特定的人交朋友，那么，我们必须了解这个人的优、缺点，然后针对他希望得到赞美的地方来称赞他。

每个人都有实际上比较优秀的部分和希望得到他人承认的部分。如果我们称赞他比较杰出的部分，当然会令对方感到高兴，但是会令对方更高兴的是，对方希望受到承认的优秀部分得到了赞美。因为这种做法能够满足对方的自尊心。

任何人都有希望能得到他人称赞的地方。如果我们想发现这点，就要靠平时的观察，此外，对于这个人喜欢的话题，也要注意观察。我们只要能够投其所好，即可赢得对方的好感。

我们不要误解，这并不是说要使用那些卑鄙的谄媚言语来操纵他人。当然，我们没有必要，也不应该去称赞一个人的缺点或所做的坏事，甚至还应该憎恨那些行为。

对于人类的缺点或肤浅的虚荣心，如果不能睁一只眼闭一只眼，那么，在这个社会上是无法生存的。

有些人希望自己被认为比实际上聪明或漂亮，而且，他们认为这种想法并无损于其他人，事实上，这种想法是错误的，但是，如果我们把这种想法告诉他们会引起对方的反感，所以，还不如说一些应酬话来敷衍他们，这样还能使对方有高兴的回忆，并且能够和他们成为朋友。

倘若对方确实有某种优点的话，我们应该多赞美他们。至于对自己无法苟同，但却受到社会肯定的事，则不妨闭上眼睛比较好。

如果我们不太擅长夸奖他人，那么，我们应该知道，一个人是多么希望自己的想法或喜好能够得到他人的支持！所以，即使对方的想法有点小错误，我们也要以宽恕的心情来对待。

一般人对于自己的想法，甚至习惯、穿着等这些毫无意义的事，只要受到一点点批评，都会觉得受到伤害，相反的，如果能得到他人的称赞，便会觉得很高兴。

想博得对方高兴的称赞方法是有战略的，那就是在背后也要称赞对方。同时，要设法让对方知道我们对他的称赞。

母亲——前进的助力

在所有亲密关系中，母子亲情影响人们最多、也最为深远。近来，我们已经渐渐了解个体和母亲分离所产生的挣扎与冲突。在《未点亮的灯》中环安的家庭教师伊丽莎白力劝她离开她的母亲："来跟我一起住在伦敦，你可以去剑桥大学深造成为一名医生，成就任何你想做的事情，如果不离开这里，你将无法拥有自己的人生。"但环安选择留下来。她对母亲的感情把她拖垮了，使她觉得受到伤害、有罪恶感和充满了遗憾。

父母亲不应该认为他们的儿女永远是小孩，儿女一旦长大，就必须设法使自己独立、告别童年。其他人虽可以爱护和教育我们，但是我们却只有一位母亲。生理和心理的紧密接连，引起了一个激烈的、紧张的情感关系。在感激母亲为我们所做的牺牲之时，我们竭尽所能试图活得有意义、有出息，使母亲以我们为荣，这种情感即使在母亲过世后也会一直持续——下去。

如果我们和母亲相处得很好，其中的原因是由于爱和接纳，但我们无法和母亲过着相同的生活，而如果我们执意尝试的话，那将是一种前所未有的生活，因为在年幼时，母亲给予我们无条件的爱，而且我们也以同样的方式去爱母亲，所以母子分离是极难挨的过渡期。身为人母，便是当他们与我们有冲突时，仍坚信需要儿女们的爱；当他们接纳我们、试图改变我们之后，我们才能真正地分享快乐。母亲们和儿女们都是渴望无条件的爱，且必须是互惠的。

我们和母亲仍持续着良好的关系，这不仅仅是因为有亲密、深切、不变的爱，更重要的是相互尊重、忠诚、关怀与感激之情。

体贴别人就是体贴自己

人类是无法一个人独自生存的。无论做任何事，少了别人的帮助就什么都做不成。

我们虽然因为孤独而感到痛苦，却不了解周围的人的重要性。

不管是多么能干的人，还是有人在背后支持他，给予帮助，如果失去了这份支撑的力量，大概做什么都不会成功的。

所以千万不要觉得自己多么了不起，自以为是。不论在我们爬得多高、做得多成功的时候，都别忘了是因为有别人才有今天的自己。

在英国某间住宿学校中，实施着一种名为“一日盲人”有趣的教育活动。

例如，某一天有一个学生要扮演盲人的角色，扮演盲人的学生必须从前一天晚上就把眼睛用绷带缠起来才能睡觉。

也就是说第二天早上一起床，这位扮演盲人的学生已经是眼睛看不见任何东西的状态了。

然后，不是扮演盲人的另一位学生，那天一整天都要在旁边协助他，如上厕所、吃饭等，其他事情也都得照料好。

从眼睛看得到变成眼睛看不到的这种体验，可以让人非常真切感受到，光是眼睛看得到就是一件极为幸福的事，进而让我们养成能够设身处地为别人着想的习惯。

“不要只顾虑到自己，也要站在别人的立场想想。”正因为现在的时代我们为了自己而互相残杀，这样的胸怀才显得格外重要！

让为他人设想的心情，全部都会回到自己身上。

自己所付出的，将是自己会获得的，这个为人设想的习惯，可以说是替我们自己打造美好环境的一个根本条件。

父母之爱

不为人父母，不知做父母的辛苦；不为人父母，也难体会到生命的真谛。

生命一代又一代地繁衍，正如四季的绵延不断。恍惚之间，为人子女；眨眼之间，又为人父母。为人子女时，享尽父母之爱，以为这是天经地义的，不值得珍惜。等到有朝一日，为人父母，面对子女无尽地需索、无知地忤逆，再想起昔日父母对自己的宽容与宠爱，就会生出无端的感触。

亲情的轮回，就这样一代又一代，香烟不断，没有人想去问为什么。人生的路就这样一程又一程的走下去。

父母之爱总是要在失去之后，才发觉它的宝贵。

人真是一种可笑而又矛盾的动物，父母在身边的时候，总嫌他们唠叨、多事，生怕被父母亲永远拘束住；可是，父母亲一旦去世，却又悲不能抑，以为自己成了世界上哀哀无告的可怜孤儿。

按佛家的说法，这一世可以为人子女或为人父母，都是累世万劫修来的福分。若是无缘，早就成为陌路，我们岂能白白放弃这段福缘？

父母之爱是人世间最动人的温情，为人子女者固然要有所回报，并应趁着父母健在的日子，多尽人子之道；为人父母者，对于孩子更应慈悲关爱，使子女能充分享受父母之爱的温馨，让这一段佳缘有个美好的完成。

亲子之间

我们的家人是生活为了要帮助我们塑造自我而赐给我们的。我们也许并不总是喜欢他们。他们也许并不总是理解我们。事实上，我们的那些关于他们的最重要的经验，正是在我们与父母意见不同而和他们分了手的时候获得的。可是他们却是我们的老师和塑造者。他们对我们的影响比我们一生中受到的任何一种影响都更为强大，从而有力地塑造了我们。

如果我们有父母、子女分享我们生活里面的欢乐和悲哀，而我们也自在地欣赏他们，我们就为此而心怀感激之情吧。可是，如果我们的家人是由一些生活方式和价值观念和我们相差悬殊的人组成，以致我们觉得自己像个陌生人似的和他们格格不入，我们也得由于他们的缘故而感谢生活。这是因为，就在他们对我们无法理解的严峻锻炼里，他们已经界定了我们。他们坚持着使我们最为深入地发现我们自己究竟是怎么样的一个人，他们无意之间迫使我介谜行最最真实、最最美丽的转化。

在亲子关系方面，保持得最为隐秘的秘密之一就是：在一个不为人们意识到的层面上，它有一种与生俱来的竞争心。父母感到愤愤不平，因为自己的子女年轻，就能享受到做父母的再也无法享受的生活、时间、机会和经验。

为人父母者如何有意无意地承认这一与生俱来的竞争心，在这方面他们如何对待自己的孩子，成为衡量他们在爱的能力方面的一个尺度。做子女的对他们的父母有所表现或者没有表现出来的竞争心态做何反应，将会成为衡量他们自己为人父母的时候如何去爱他们自己的子女的一个尺度。

尊重我们的孩子，正视我们也许会感觉到的我们对他们的竞争心。

心灵相通

我们现在要学到的东西，将在我们的一生中，产生奇迹，影响深远，而且马上就见效！

你相信心灵相通这回事吗？不管你的答案是什么，这可不是痴人说梦，而是不可置疑的事实。

如果我们可以在看得见的短距离内，全神贯注地想着一个人物或动物，对方是会有所感应的。这一点甚至科学界也不敢否定。美国超感觉学院以及公爵大学甚至做过长距离的心灵相通的试验；宇航员也曾在太空做精神感应的试验。

心灵感应最普通的例子莫过于我们在遇到一条狗时，我们觉得害怕，狗马上获得感应，所以又吠又扑；但同样的一条狗对于爱狗的人的反应却是截然不同的，它会摇尾乞怜，好像是老朋友见面似的喜形于色！

心灵相通，在人与人之间，能够产生更大的好处。例如看到好友迎面而来，我们在心中祝福他，希望他生活如意。朋友早看透了我们的心事，他笑脸相迎，热烈地握着我们的手，心中有说不出的感激！

当然，不只是对我们的朋友或我们认识的熟人，才要祝福；我们应该无论对谁，无论在什么地方，借助心灵感应，传达我们的善意。

我们能够善解人意，设法使别人获得心灵上的满足，又能随时随地祝福别人，我们的人缘一定很好。朋友多，助力大，办起事来效果好。因此，我们能力过人，才华盖世！

做“对”的事

相信很多人都应该有过这样一种类似的经验：当我们要开车去某一个地方的时候，由于选择路线的不同，往往会带来不同的结果。如果选对路的话，我们可以在轻松舒适的状况下，以最适当的速度到达目的地；而如果走错路的话，即使我们冒着违规、罚款、出车祸的危险，左躲右闪、抢黄灯、争车道，结果往往花费更多的时间、更高的代价，才能达到同样的目的地。

在管理学上，有位大师叫做彼得·德鲁克，他曾经说过这样一句话：“要做对的事，而不只是把事情做对！”以前面开车的例子来说，选择对的路线就是做对的事，通常这种结果是事半功倍；而如果没有选择对的路线，即使使尽浑身解数，辛苦地突破重围去达到目的地，也只是把事情做对而已，它的结果也往往是事倍功半。

为什么有些人比较有成就、比较成功呢？或许不全是努力与否的关系。假如一个人在进行某件事之前，都理性、客观地判断，找出对的方向，做对的事情，即使他的力量和努力只跟别人一样，长久下来，经常做对事情的人，他的成功的机会应该比那些只是努力的要把事情做对的人来得更大，来得更多。

李经理担任的是行销企划的工作，对产品的经营有这样的感受：除了我们没有办法控制、掌握的，像法律、政令、经济、文化等等外在环境变迁因素之外，为了求取成长以及获得利润的一个目标，通常许许多多的策略可以用来选择、运用，而每种策略，也通常会为产品带来一些效益。

举一个例子，例如卖冰淇淋，为了促进产品的销售，可以制造优美而有说服力的广告，在各种不同的媒体上刊播；或者也可以在重要的销售点办特卖折扣活动，以招徕客户；另外也可以制作精美的小样品赠送消费者品尝，促进他们产生一种尝试性的购买；甚至也不妨试试看，买一盒冰淇淋免费招待消费者到麦当劳喝一杯可乐。

可以做的事情实在大多了，只要我们努力去做，通常不会毫无反应，但是我们能够每一种都做吗？那是很困难的。

一个企业的资源有限，俗话说：将本求利。往往在激烈的竞争当中，谨慎地把握市场特性，选择对的策略，并集中企业有限的资源，全力去做，才能立于不败之地。也就是要去做对的事，而不只是把事情做对而已。事实上，不管是一个企业，还是一个国家，一个人，它的资源都是有限的。而人与人之间、国与国之间、企业与企业之间、产品与产品之间，这种优胜劣汰的竞争，正是一种相对效率的竞争。谁能够经常以较低的代价、较短的时间，求得最大的效果，谁的胜算就比较大；而谁能够经常地做对事情，他的效率就相对地比较高，成功的机会就更大、更稳。

据说 IBM 的内部，倡导所有的员工在做事情的时候，要多想、多思考一点，许多人的桌子上都放着一个英文"THINK"的牌子。也听说有些公司所属的关系企业里，虽然还没有每个人桌上放一个牌子，整个的企业文化里，也非常提倡做对的事情，而不只是把事情做对，这样的一个观念，也就是说在做事情之前，不只要想怎么做，更要先想：要做什么？以及做什么？

虚心向朋友和家人学习

这个世界最悲惨的一件事是，我们多半不情愿向我们亲近的人学习，包括我们的父母、配偶和朋友。我们不但没有敞开心去学习，还因为尴尬、恐惧、固执或骄傲而封闭自己。就好像我们对自己说："我已经跟这个人学会所有我能学（我想学）的一切了；我已经没有别的可以（或需要）学了。"

这实在很悲哀，因为通常我们最亲近的人对我们最了解。他们有时可以看出我们的自欺行为，可以提供我们简单的解决之道。如果我们太自负或太固执了，不肯学习，我们就错失改善人生的简单妙方。

我们都应该试着接受朋友和家人的建议。事实上，当我们主动问一些家人和朋友："我的盲点在哪里？"这么做不但让被问的人感到我们需要他，而且我们也会得到很棒的建议。这是成功的简单捷径，可是几乎没有人使用它。这一切只需要一点小小的鼓励和谦虚，以及放弃自大的能力。如果我们习惯忽略他人的建议，把他们当作批评，或是不听某些家人的话时，他们会感到十分难过。

找一个我们认为我们所咨询的对象有能力回答的问题。例如，经常问问父亲做生意的建议。即使他训诫了我们一番，也是值得的。他给我们的劝告通常可以让我们避免吃许多苦头。

友谊更珍贵

碰到疑难，开口问人，遇到麻烦，请教高明，这是最快捷、简单而又有效的成功之道，而且不必花费分毫。

虽然不必付钱，但并不是说我们可以不劳而获。我们还是要付出代价，不过不是现钱交易。我们得以其他形式付出代价；交易的时间也没有一定，可能是事前或事后，也可能是当场解决。总之，虽然只是问一问，我们还是不能不付出酬报的。然而，这却不是金钱买卖。

为了达到“随心所欲”的目的，必须采用成功之道，其中最有效的，就是“不耻下问”。虽然不用付钱，但总不能白受人家的好处；施恩不望报的人到底不多，当我们受了人家的恩惠，能不表示谢意吗？

所以答谢是一定要的，形式尽可不拘，赞赏他的所作所为；对于他的帮忙，念念不忘；彼此关心合作，珍惜这份崇高的友谊。

当然，像这类不是看钱分上的帮忙，跟必须讲好金钱条件，才能获得的专家意见，当然不可同日而语，但也不是说未用大量金钱换取来的意见，就一定比不上专家的意见高明。

至于能不能以最低的代价换取更大的好处，那就要看人的办法够不够聪明了。

请记住，帮助我们的人，如果是个成功的人物，那么，酬报他的时候，绝对不能用金钱。金钱对于有成就的人来说，完全没有吸引力，不过，赞赏他的伟大成就，由衷感激他的帮忙，强调友谊的可贵，这可能是他真正希望得到的东西，因为这些不是金钱能够买到的东西。即使是那些必须用报酬买到的好处，我们仍不妨在付清应付的款项之后，把赞赏、友情当作一种额外的馈赠，这必然会给我们带来更多益处，更大的收获！

好的伙伴是成功的一半

我们大概已经晓得，错误的伙伴——工作上的或个人的——可能比没有伙伴更糟。胜利拍档的价值等同于黄金的重量。不过，有时候，恐惧会阻止我们去寻找最佳拍档，组成胜利伙伴。许多人担心他们必须跟别人分享利益、决策权、以及随着计划或生意而来的特权。害怕的态度当然不会允许我们去做这种事。像平常一样，好办法就是克服这个恐惧，这样我们才会知道，组合一对胜利拍档是否比较符合我们的利益。

决定一个拍档是否适合我们，有几个重要的考虑因素。如果合伙中的成员基本上都做同样的事，那么，不可避免地，这个人将比另外一个更辛苦也更投入。通常，那个人会开始憎恨自己老拉着另一个人前进。同样地，被拉着走的那一方也会憎恨另一个人的催促。这通常不是最佳拍档。例如，两位辩护律师合组法律事务所。到了年底，这一个或那一个可能会怀疑他从合伙关系上没得到了什么好处。毕竟，每一个都有能力做对方的工作。可是，如果一位辩护律师和一位公司律师合伙，通常每一个到了年底都会说："感谢老天给了我一个合伙人——要是没有他，我真不知道该怎么办。"

比较理想的是每个伙伴最好可以提供不同的专业技术和贡献。一个擅长细节的计划，另一个擅长促销和公开演讲。或者一个擅长推销，另一个擅长市场行销。一对好的拍档就好比一桩天作之合的姻缘——必须小心挑选。如果我们能结合正确的技术、工作伦理和视野，我们就可以创造出一对最佳拍档。

下面是一对典型的最佳拍档。过去，阿伦和阿皮的经济状况都不好。阿伦是一位超级的房地产商人，很有艺术眼光。虽然他可以在洽商购买建筑用地时讨价还价，但他在建造传统住宅方面并没有任何代表作品。阿皮是一流的商人和营造商，可是他只是兼差做做而已。他没有眼光找营造地，也没有勇气去做个强硬的谈判人。他们两个合伙，从一开始，这对合伙关系就像天作之合。合伙第一年，都是他们个人有史以来最成功的一年。他们当然必须分享利润，可是他们的技术结合之后却增加了四倍的生产力。关键在于，合伙关系完成了他们无法单独进行的事。如今，阿皮全天忙碌营造传统住宅，这正是他最在行的事。阿伦则是忙碌的谈判高手，忙着购买未来的建筑用地，设计，转包，以及洽谈材料价格。听起虽然不可置信，他们的结盟却能完成美丽的传统住宅，而且从头到尾只需花几个月的时间。这就是一组最佳拍档。

我们或许是地球上最有才华的人，可是在我们找到一个出色的合伙人之前，我们可能无法展露这份才华。不要浪费我们的精力去做每件事情，我们的新伙伴们可以个别负责他们最拿手的部分。

抵制提高生活水平的诱惑

从哲学上说来，致富的方法基本上有两种：(1) 开源，(2) 节流。其实，两者中间还有一个中间地带。确保一个富裕生活最简单的方法，就是放手去赚钱——有爆发力——可是千万不要认为，当收入增加时我们也必须提高生活水平。这么做可能是一个愚蠢的错误。

许多人赚到的钱都比梦想中的还多，可是他们在财政上的压力却比过去更大。怎么会这样呢？很简单：大部分人赚到更多的钱以后便花得更多，如果不是入不敷出的话。他们买一个更大的房子和一部更高级的汽车；他们度更豪华的假期，穿更昂贵的服饰，去更精致的餐厅。他们花钱、花钱、不断地花钱。有人做了不智的投资或愚蠢的逃税，根本就不牢靠。在我们坚持绝不会做这种事之前，我们最好考虑一下这个可能性——除非我们有意发誓绝不做这种事。

赚钱通常比守住它容易。我们赚得越多，看上的东西也越多。物质欲望的问题往往出现，除非我们极为谨慎，它是贪求无厌的。记住，更多未必会更好。

如果我们提高生活水平来配合我们目前的收入，它就会强迫我们继续制造同样的水平，不论我们愿不愿意都如此。我们都无法停下来。从未感觉到“够了”，会造成几个明显的问题。比如遭逢逆境时（人人在某个人生阶段都会遇到困难），如果我们向来都花光我们所赚到每毛钱，我们可能就旧习难改。不过，如果我们控制好花钱的习惯和欲望，碰到时机不好时也不会造成危机。我们只要调整一下就好了。提高生活水平的另一个主要问题是，想要更多、更多，只会工作越来越忙碌。我们拥有的东西越多，需要处理、保险、照料、保护和担心的时间也越多！不久，我们的生活中就会塞满了“各种东西”，浪费了不必浪费的时间。我们会变成一个“守财奴”。

这并不表示我们不应该或不配拥有好东西。但是请牢记，我们也应该有一份安详而快乐的生活，而物质不一定可以让你愉快！幸福来自内心，重要的不是我们真的拥有多少，而是我们和他们的关系是否安宁。

如果我们能够拴牢自己的欲望，在我们的财力范围之内生活，我们就会发现一种与众不同的富裕——平安。我们将可以过着轻松自在的日子。对我们来说，这是人生中最大的恩赐了。

战胜竞争者

对于自己不喜欢的人，应该用什么样的态度去接触，这点非常重要。然而，对年轻人来说，即使知道，但要实践却相当困难。站在年轻人的立场来看，竞争者和敌人是一样的。所以，他们多半会以冷漠或不礼貌的态度，想彻底地打倒对方。

但是，这种做法是洞察力不足的证据，因为对竞争者表示冷淡，并不一定能够如愿以偿。而且，当两位竞争者互相竞争时，可能是“鹬蚌相争，渔翁得利”。

当然，事情没有这么单纯，因为任何一方不会轻易改变的，因此，最后会产生什么结果，旁人实在很难加以臆测。

例如，两个情敌彼此看着对方时，一定会露出不高兴的表情，甚至于还会对骂，在这种情况下，当场的人必然会不高兴，尤其是女性，自然更生气。如果其中一个人，掩饰自己心中真正的感情，对情敌面露笑容，并且自然地应对，此时会如何呢？相信大家会觉得另外一个人很讨厌，而女性则会对那微笑的人产生好感。

大致上来说，一个出色的人对他的竞争者多半会采取两种态度，即：极端地对竞争者好，或者彻底地把竞争者打败。

如果对方一直试图故意地侮辱我们、轻蔑我们，那么，我们应该毫不犹豫地把对方彻底打败。倘若只是受到轻微伤害，则不妨在表面上维持礼貌。这么做，或许可以成为报复对方的一种方法，同时，对自己可能也有好处。

这种做法并不算欺骗对方。假如我们肯定那个人的价值，希望和他交朋友，那么，我们最好采取适当的方法。

在公共场合，即使我们对一个失礼的人说了一大堆的客气话也不会受到指责。但是，我们必须表现出打圆场的态度，不要让周围的人讨厌我们。假如我们为了个人的喜好或嫉妒而扰乱了他人的生活，即会成为被取笑的对象，而且不会得到同情。

因此，如果我们没有把和实质没有什么关系的装备，如礼貌、温和的态度等带在身上，便很难生存。在这种情况下，敌人与盟友也很难分辨清楚。但是，即使心中存有憎恨，表面上仍然要装着若无其事，这点非常重要。

坚强用“温和”来包装

为什么要这样做呢？

以下达命令来说，如果以客气的态度来命令，那么，受命令的人即会欣然接受，并且愉快地去实践；以相反的态度下达命令，接受命令的人，不是马马虎虎地完成命令，就是半途而废。

倘若有人粗暴地命令他人“倒一杯水给我”，那么，他就要有心理准备，这杯水可能会溅到他的身上。因为这杯水并不是被心甘情愿倒的。

当然，下达命令时，也要有“让对方服从”这种冷静、坚强的意志的表现。但是，下达命令时必须注意，不要让他人产生自卑感，应该设法让他们心平气和地接受。

当我们对长辈有任何请求，或行使正常的权力时，如果我们不是用很客气的态度，那么，正好给他人一个拒绝我们的好借口。

态度温和，多半可以抓住他们的心。而且，至少不会给他们拒绝的借口。

但是，表现出坚强的意志力也很重要。因为有些人对原本听不进去的事情，会因为怕他人憎恨而注意倾听。

一般而言，身份高的人，多半已经习惯人们的请愿或抱怨。正如外科医生对于患者的疼痛已经变得麻木一样，所以，他们对那些整天都在诉苦的人，无法分辨出痛苦的真伪。假如以公平的立场或人道的立场来看，很难令人采纳的事情，不妨诉诸于感情。

例如，我们可以用温和的态度来博取他人的好感，也可以在不降低品味的情形下，以威严的语气迫使对方接受我们的提议。但是，绝对不要胡乱地坚持己见。

兼具温和的态度与坚强的意志，才不会受到轻蔑、憎恨，而会受到他人的喜爱与尊敬。

我们都应该这么做，因为这是保持威严的方法。

明察我们的"堆积顺序"

"堆积顺序"这个观念，是一位成功的电脑顾问向我们引介的。基本上说来，这个观念的存在是理清我们在任何时刻可以同时胜任多少工作，或多少计划。

我们经常目睹相当能干的人失败，只因为他们——或他们的老板——没有认真考虑这个观念。

人与人不同。我们都有不同的长处及短处，可是，除此之外，在最理想的工作步伐上，我们各自有独特的气质。在任何时间内，我们可以处理多少事务，我们的"盘子上"有多少，或者我们可以同时处理多少个计划都不一样。

有一个例子可以让许多人联想到这个观念，那就是他们个人的阅读习惯。有的人喜欢一次读一本书。他们享受着每一页，在全部读完以前，甚至不想拿起别的书。其他人恰恰相反。他们喜欢同时读五六本书。他们一本书读一两章，就放下来，可能好几个礼拜以后才会再拿起来。如果我们强迫人们忽略他们的阅读嗜好 (他们的堆积顺序)，我们就会破坏他们自然的节奏，毁了他们的阅读经验。他们的理解力会降低，他们的享受更会消失。

我们的工作也很类似，虽然大部分人从不考虑这是一个因素。相反的，我们总以为人人的工作步调都应该一样，我们也应该或必须跟别人保持同样的活动力。

有的人偏好的“堆积顺序”是同时进行三四个计划。这表示他很习惯一边写一本书，又一边促销另一本，同时还在写文章，每个月做几次演讲。如果他一次只是做一个计划，根本不够他忙，他会失去焦点，感到有点无聊，有点不耐烦，这项计划结果也没有预期的好。有的人喜欢每天在一个计划上工作几个小时，然后再做别的。这或许不是正确的做法，却是他的方式，许多人以为他发疯了，这些年来有很多人说他：“你怎么制定这么多个计划？”别人觉得这似乎很疯狂的原因在于他们的堆积顺序不同，如果我们想尝试别人的做法，我们才会抓狂呢！

有些人喜欢一次只做一件事。他们全神贯注在他们所做的事情上，直到完全做完为止。然后，只有在那个时候，他们才会着手进行别的。如果这些人一次进行太多事情，他们会崩溃，看起来不够能干。事实上，许多时候，如果这些人不必同

时做太多事 (例如，只想一两件事或问题、计划，而非十件)，他们就会看起来像个天才似的。

有些时候，我们显然就是无法按着我们的偏好的步调做事。我们可以喜欢一次只做一个计划，却被迫要同时兼顾六七个。然而，即使在这些时候，了解我们的堆积顺序，也大有助益。我们可以想办法组织我们的工作，扩大我们的潜力，我们可以为它们每一个计划创造人工“时区”。例如，我们可以全心做一个计划，持续 30 分钟，完全不去想别的。然后，休息 5 分钟，开始做第二个计划。不要来回跳来跳去，每次专心做好一件事。

我们要慎重思考自己的堆积顺序。这么做可以让我们发现适合我们的气质的步调。这将会让财富的创造确确实实变成一个比较丰富的经验。

“你的话另有含意”

以下的练习，最有趣的地方，就是能令我们控制自如。

下次如果我们觉得，受到同事、朋友、顾客、学生，或我们青春期儿女的挑剔时……试试这句七字真言。

先深吸一口气，吐气时，平静地向对方说：你的话另有含意。

我们将经历一项奇迹。对我们双方而言，这是一个缓和紧张的重要过程。

最好的练习对象，就是与我们共同生活的另一半。我们选定他或她，进行这项相当有益的课程。在婚姻关系中，当冲突出现，我们可以深吸一口气，在吐气时，平静地说“你的话另有含意”，日子就这么过去了。

练习，再练习。我们会逐渐接受这古老的真理：我们无法改变别人，我们唯一能改变的就是自己。如此下去，许多冲突便释然了，怨怒也自然冰消雪释。这也是一种宽容，一种超越现实的因应之道。

克制想要批评的冲动

当我们评断或批评别人时，并不表示这个人是好是坏；它反而反映了我们批评别人的需求。

如果你在参加聚会时，仔细倾听所有的批评，就会发现他们都是针对他人的，回家后不妨好好考虑一下，那些批评是否使世界变得更好，你得到的答案大概会跟我们一样：才不！这可是一点好处也没有。事情还不止如此。批评不但解决不了任何问题；它还应该为这个世界的愤怒与不信任负责。毕竟，没人喜欢被人批评。我们对批评的反应，通常或是提高戒心或退缩。一个觉得受到攻击的人，通常只有两个反应：他可能会因为恐惧或羞辱而退缩，或者恼羞成怒地发动攻击。我们何曾在批评别人后还听见他们说："真谢谢你指出我的缺点，我真的很感激"？

批评，就跟口头禅一样，只是一种坏习惯。我们只是做惯了；我们很熟悉这种感觉。它让我们保持忙碌，有话可说。

不过，如果我们在批评别人以后，立刻花一点时间留意一下我们真实的感受，我们就会注意到，我们感到一点点泄气和丢脸，就好像受到攻击的人是我们自己。真正的原因是，当我们批评别人时，等于向全世界和自己宣布：“我需要批评别人。”承认这一点可不是一件光荣的事。

解决之道就是遏止批评的举动。留意我们是否经常做这件事，做了以后是否难过。当我们再逮到自己想批评人的时候，当这个批评人的需求升起时，我们就试着记得告诉自己：“我的老毛病又犯了。”然后，我们把批评变成宽容与尊重。

应付激怒我们的人

应付激怒我们的人，最重要的第一步就是弄清楚我们自己的感觉和看法。比如，有人想左右我们对某件事情的反应，请记住我们也一样有权利决定自己的反应。我们可以说："我并不觉得这个笑话有那么好笑。"或者说："也许你认为他们是好人，可是我无法忍受他们对其他人的歧视，我认为他们这样做会伤害别人。"

我们也可以要求别人暂时停止做某些行为。比如说："就算是小问题，也请不要问了好不好？"或者是："别再发誓下个月要做什么了行不行？"不要为我们的要求觉得抱歉，如果这些要求没有马上受到重视，我们至少要设法让他知道这种行为让我们不舒服。在这种情况下，我们不必顾虑自己重复的行为会使他不愉快，如果他认为我们"太敏感"或不了解我们的反应，也不必觉得痛苦。可能他会说，就算我们继续责备他或永远不说他好话，也不在乎。但是不管他怎么说，都和我们的感觉无关。

我们要求别人不要做某种行动的时候，千万不要认定他有什么恶意。他有什么动机并不重要，我们只要让他别再这样做，使我们不再气恼就行了。否则，找个朋友聊聊，发泄这种感觉也就够了。

不过，可能还有更恶劣的情况。对方可能自私地拒绝改变自己的行为，这等于说他不在乎我们的感觉。不过，我们最好认清这一点，免得老是因为害怕发现这个事实，而忍受挫折、恼羞成怒。

有些人明明知道自己不对，可是就是没办法改变。他会为自己的习惯道歉，也晓得这样做可能会惹人生气，可是他还是继续提醒我们他为我们做了什么事，或继续开他的空头支票。也许他的行为是强迫性的，可是我们还是有权利每次都提醒他。即使我们的朋友无法改变讨人厌的行为，至少在面对问题的时候，我们可以减少一些愤怒。

在令人激怒的情境中，千万不要做任何为自己辩护的行为。如果朋友不理我们说什么，我们不要向他大喊，只要把他拉到旁边，然后要求他听我们说。如果有人数落我们的过错，我们也不必马上提出反证。如果我们越让这种攻击影响自己的行为，就越加强了它对我们的重要性。

感激生命

地球上最快乐的人不是时时都快乐的。事实上，最快乐的人也都有他们的低潮、问题与心痛。通常快乐的人与不快乐的人之间的差别，并不在于他们多久低潮一次，或是低潮的程度如何，而是他们对待情绪低潮的做法不同、他们看待不断改变的感觉的方式不同。

大部分的人都反其道而行。他们在低潮时，往往卷起袖子开始工作。他们把低潮看得很严重，试图了解并分析自己究竟出了什么差错。他们试着逼自己走出低潮状态，结果不但解决不了问题，反而使问题更加复杂。

当我们观察平和、轻松的人时，我们会发现他们感觉好的时候都心存感激。他们了解正、负情绪会来来去去，总有一些时候，他们不会过得如此快乐。对于快乐的人来说，这是可以的，因为事情本来就是如此。他们接受不可避免的感觉更迭。所以，当他们感到沮丧、生气或紧张时，他们也用同样的开阔心态和智慧对待这些事情，他们不但没有因为感觉不好就对抗这些情绪，或感到恐慌，反而他们自在地接纳了这些情绪，知道这些也会过去。他们不但没有跌跌撞撞地对抗这些情绪，反而优雅地接纳了它们。这个做法让他们可以温和而优雅离开负面情绪，进入心灵的正面状态。有这样一位乐观的人，也时常陷入情绪低潮。差别似乎在于，他已经习惯他的低潮情绪，他似乎真的不在乎这些了。因为他知道，过些时候，他就会再度快乐起来。对他来说，这没什么大不了的。

当我们感到难过时，不要抗拒它，试着放轻松。看看除了恐慌，我们是否能够保持优雅与镇定。不要对抗自己的负面情绪，只要我们很优雅，他们就会像落日一样消失在夜幕中。

用责任指引生命

责任是一条无形的鞭子，少年时，也许我们在父母保护下，不曾觉察到它的存在；但一到我们有了自立的能力，踏入社会，责任就一圈又一圈地裹缠在我们身上。

身为人子时，我们只要念好书，考好学校，父母师长就认为很满意；身为人夫时，妻子仰望我们，生活逼使我们去开创一个幸福的小家庭，我们不能不去努力赚钱，求得物质上的自尊和舒适。

当然，除了为人子为人夫外，我们对亲友和社会，也有血浓于水的责任。亲友在生活上有困难，社会中有人孤老困苦，甚至遭逢大难，我们不能袖手旁观、见死不救。这是良心上的负荷，我们尽可以逃避，但难逃内心的责任！

一个责任感越高的人，他的成就出越大。因为在责任的鞭策下，人十我百，孜孜不倦地工作，怎能不在事业上创下一番业绩？

常见有人指责某某人说：他是一个没有责任感的人！

这是一种很严厉的批评，甚至比骂人“游手好闲”还要难听！

在人生的路程上，我们的责任只有日益加重，而不会越来越轻！责任越多，表示我们的能力越大，否则别人不敢那样大意地把责任赋加在我们肩上。

有责任的人生是美好的，每一分每一秒，我们都可以在无声的工作中，感到生活的甜蜜和踏实！

助人是一种幸福

想变成一个更亲切、更有爱心的人需要行动。然而，讽刺的是，没有什么特定的事可以让我们去做，没有处方。大部分真诚的慈善与慷慨的行为似乎都是油然发自内心的；他们出自一种想法，那就是把助人与付出融合进人生的思想过程。

几位教师和哲学家，都建议我们在一天之始就问自己："我能为别人做什么？"这个做法很有用，它提醒我们助人的方法有千百种。当我们花点时间问自己这个问题时，一整天答案都会不断涌现。

如果我们的目标之一是助人，我们一定会找到最合适的方法。服务他人的机会是无穷的。有时，我们助人的最佳方法就是收容有需求的朋友（或陌生人）到家里来住。其他的时候，是在火车上让位给年长的人、扶小孩过游乐场的吊单杠游戏设施、演讲、写书、去女儿的学校帮忙、寄一张支票给慈善机构、或在路上捡垃圾。关键是记住服务人生不是一蹴而就的事。这不是为别人做一点善事，然后。怀疑别人为何不也为我们做点好事。相反的，助人是一辈子的事，这是一种人生观。该倒垃圾了吗？如果是，就出去倒吧，即使还没轮到我们又何妨。我们认识很难缠的人吗？或许他们需要一个拥抱，或是一只倾听的耳朵。我们知道任何慈善机构有困难吗？这个月我们有可能多付出一点时间或金钱吗？

最好的助人方法通常都很简单，这通常都是天天可以做的小善行，并不引人注意，比如支持另一半的新尝试，或是拨一点时间和精神去倾听，我们距离做一个无私的人的目标，还有一大段距离。不过，当我们已经尝试将服务融入我们的生活之中，我们会对自己所选择的生活方式越来越满意，有句古老的话是这样的："付出就是一种回报。"这是千真万确的。我们付出的时候，也是得到回报的时候。事实上，回报与付出是成正比的。当我们更随意地用特殊的方法付出，我们就会体验到梦想不到的平安感受，人人都会获益。尤其是我们自己。

善待他人

每次当我们帮助了某人，也增加了自身的价值。

曾经有人说过，没有人可以真正激励他人，我们所能做的唯有激励自己，并且期望能够影响他人。我们绝不可能知道自己的行为对他人的影响有多大。当我们不断加倍付出时，我们就影响了我们的朋友、熟人、家人、同事，甚至老板，他们会比他们以前做得更多和更好。由于我们影响他人成为更快乐和更热忱的人，这样的能力使我们对自我和对他人的价值都无形增加。对于那些引领他人获得成功的人而言，是没有薪金或职业限制的。这样的人真的非常可贵。

我们无法让所有的人都喜欢我们，却可以使他们不至于讨厌我们。

即使是最受欢迎的人也有反对者。因为我们都不太相同，具有不同的兴趣和人格，所以根本不可能让所有的人部喜欢某一个人。倘若我们的人生使命就是让每个人都喜欢我们，我们将会非常失望。然而当我们与人相处时总是亲切而体贴的话，他们可能不会喜欢我们，但是绝不可能会讨厌我们。我们可以使自己成为一个诚实、正直和有道德的人，借此来结合我们与他人的关系。当我们遵循这样的行为礼节时，那些不认同我们的人虽不至于全部买我们的账，但是所有认识我们的人都会因此尊敬我们。并且到最后，自尊心对我们而言将比声望更具意义。

将错误推给别人，是一种极为脆弱的托辞。

爱默生曾说："庸庸碌碌地生活在世界上很容易，远离人群而居也不难，但是真正伟大的人生活在吵嚷的人群中，而仍能保持独居所需的完美独立精神。"当我们是群体的一分子，跟着大家走是最容易不过的。但是我们若能保持自己的人格标准，而不论其他人怎么做，那么我们注定会有一番成就。我们能够养成谨慎思考的习惯来领引自身的行为的话，就再也不用问别人怎么做才恰当。我们直觉上就知道。

记住：每次当我们为他人加倍付出一分，他就承担我们一分义务。

当我们对他人或为他人做了某些事，不论我们的行为好坏，人们总是会用同样的方式来"回报"我们。如果我们是慈善而好礼的人，人们会同样善待我们。倘若我们为了个人私利去利用他人，却没有给予任何回报，我们很快就会发现，他们有点不喜欢我们了。人们都喜欢和积极而善解人意的人共事。从现在起就开始发挥为人加倍付出的习惯吧！

奉献让生命没有缺憾

只要我们将自己奉献给他人，爱对我们而言便是随手可得的。把我们的爱给予他人，我们会因此得到更多的爱。

我们用一个故事来证明这个伟大的信念，这是最动人心弦，也最具说服力的故事：琳达是个美国女孩儿，她真真实实地将自己奉献给了别人。作为一名老师，她只要有时间，便从事一些艺术创作。在她二十八岁的时候，医生发现她长了一个很大的脑瘤，他们告诉她，做手术存活几率只有2%。因此他们决定暂时不做手术，先等半年看看。

她知道自己有天分，所以在六个月的时间里，她疯狂地画画及写诗。她所写的诗除了一首之外，其余的都被刊登在杂志上；她所有的画，除了一张之外，都在一些知名的画廊展出，并且以高价卖出。

六个月之后她动了手术。在手术前的那个晚上，她决定要将自己奉献出来——完全地、整个身体的奉献。她写了一份遗嘱，遗嘱中表示如果她死了，她愿意捐出她身上所有的器官给那些比自己更需要的人。

不幸的是，琳达的手术失败了。手术后，她的眼角膜很快地就被送去马里兰一家眼睛银行，之后被送去给在南加州的一名病患，这名年仅二十八岁的年轻男性病患，因此得以重见光明。他在感恩之余，写了一封信给眼睛银行，感谢他们的存在。进一步的，他说他要谢谢捐献人的父母，他们一定是一对难得的好父母，才能养育出愿意捐赠自己眼角膜的孩子。他得知他们的名字与地址之后，便在没有告知的情况下飞去拜访他们。琳达的母亲了解他的来意之后，将他抱在怀中。她说："孩子，如果你今晚没有别的地方要去，爸爸和我很乐意和你共度这个周末。"

他留下来了。他浏览着琳达的房间，发现琳达曾经读过柏拉图，而他以前也读过柏拉图的点字书；他发现她读过黑格尔，而他以前也读过黑格尔的点字书。

第二天早上，琳达的母亲看着他说："你知道吗，我觉得我好像在那儿见过你，可是就是想不起来。"突然间她想到一件事，她上楼抽出琳达死前所画的最后一幅画，那是她心目中理想男人的画像。

画上的男人和这个年轻人几乎一模一样。

然后她母亲将琳达死前在床上所写的最后一首诗读给他听：

两颗心在黑夜里穿梭，

坠入爱河，

但却永远无法抓到对方的眼神。

最彻底的奉献让琳达的生命超越了物质实体，在精神世界中，爱赢得了永生。

我们的人生从现在开始

我们大部分人所拥有信念当中最故步自封的就是今天的我们必须做昨天的我们。这个信念让我们固执于过去的错误、习惯和限制。我们或多或少相信历史的确会自我重复的概念，如果我们昨天不成功，今天或明天当然也无法成功了。

如果我们看得出这种想法是何等荒谬和自挫，我们就可以立刻转换，朝向成功和实现。我们此刻——现在——都有无限的潜力和自新的机会。阻止我们发挥这项潜力的是我们心里的过去纠结。抛开过去，就像从我们的脖子上卸下一串沉重的重物。它放我们去追求我们的梦想，发挥我们最大的潜力。

有这样一个美妙的故事，那是关于活在此刻的力量。想象我们现在身处海洋中的一条船上，我们站在船舵旁，向东航行，要问我们自己三个问题：第一，什么是船迹？我们回首观察船后遗留的水痕，船迹就是那道水痕，它在船后形成一道痕，直到消失无踪。第二，我们问自己，船迹可以推动船吗？我们很快回答：“当然不能。那是荒谬可笑的。”船迹没有动力。第三，问我们自己，那么船动力是什么？我们想了片刻，得出显而易见的答案，船的所有动力都来自此刻的引擎动力。那就对了。并没有别的。这跟我们的人生的类比已经十分清楚。我们此刻的精力就是我们所需的一切，它相当有力而且源源不断。问题是，我们之中有许多人不使用此刻的全部精力，因为有人不断想使用我们的“船迹”，也就是我们后面的过去，来推动我们向前。可是，他们像海浪中的船迹一样，我们的过去并没有动力。它什么都不是。

我们的过去并不比我们所赋予它的更有力。我们生命中所能做的最活泼最显著的改变，就是承诺放下过去所有负面的记录，从现在开始过活。我们所创造出来的正面精力可能会让我们感到震惊。新的门和机会会敞开。当我们过去的习惯悄悄溜进意识时，只要一承认就可以打发他们。这并不是一个复杂的过程，我们也可以立刻开始这么做。我们的过去是很重要的，因为它让我们进入此刻。现在，我们的人生，是一连串即将经历的此刻，一刻接着一刻。专注在此刻我们所能做的事情上，我们就已经开始创造天生就属于我们的财富了。

敢于期望成功

人期望什么，往往就能得到什么。期望享受工作乐趣的人事业有成，而预料会遭遇挫败的人工作就不顺心。

快乐自得的人最显著的特征之一就是能够自我期许。如果说这种人有什么过人之处，那就是他们对万事万物都抱着乐观、热心的态度。任何领域中的出色领导人，都能表现出极大的毅力和自制力，因为他们有远景可期，所以不以为苦。

如果做一番调查，将会发现，那些成就非凡的人虽然个性、工作习惯和行业各有不同，他们却都预期自己会成功。不论面临怎样的困难，他们总能在心中描绘出成功的美景，勉励自己克服一切困难。

有成就的人知道，生命是一纸由个人自行填写的预言书。成功的人期盼成功，因此他们从不放过任何新的机会。默默无闻的人和其他不快乐的人不认为自己能够有所成就，因此他们根本不去寻找和把握优势。一无所成的人总是相信：期望越高，失望就越大。

而深得工作乐趣的人却期望别人表现出他们最好的一面，同时也预料自己能将才能发挥到极致。

令人惊讶的是，只要我们有耐心，每个人的期盼都会成为事实。

人不可能表现出超越自己期许的水准，这是不争的事实。如果我们自认不能表现得比现在更好，或做得更多，那么我们的成就仅止于此。

天生我才必有用，人生不是以失败为目的。我们每一个人都应该成功。

但是许多人喜欢贬低自己，怨天尤人，把自己的失败归咎于天生条件不足、运气欠佳、父母贫贱等。

抱怨自己没有机会、遭人排挤或霉运当头，都于事无补。失败的原因与命运和风水无关，而是在于我们对自己不存厚望。

真正成功的人热切盼望并期待成功，纵使命运坎坷也不稍改其志。看看海伦·凯勒，她自幼既盲且聋，却能以优等成绩毕业。小罗斯福患小儿麻痹，却成为美国总统。近代画家马蒂斯晚年缠绵病榻，目不能视，却完成几幅生平最佳的作品。名列全世界十大长跑名将之一的卡塔拉诺曾有暴饮暴食的恶习，又有严重的烟瘾，后来也都一一戒除。不论出身高低、有无残疾，他们都尽力而为。他们想要有所成就，他们期望高人一等。

即使是素来喜欢浇自己冷水的人，内心里也可能有很大的潜能，可以转变为积极的期望。我们以为自己注定失败吗？其实我们可能非成功不可。悲观的预期往往只是积极梦想的反射。只要拥有憧憬，我们自然能对自己有很高的期许。

兴趣是成功的最大动力

有些人根本就不知道自己将来想做些什么，或做什么才会成功，于是他们会去询问他人的意见，可是，这并不是一个明智的举动。像那些："你适合……"、"你有……的潜力"的意见，其实是没有多大意义的。假设你是个内向的人，不适合去当业务员，但要是你真的想做个业务员的话，那么我们可以说，你在那个领域成功的几率相当高。

为什么？因为当人们真的想去尝试的时候，就会全力一搏，如果真是他们想做的事的话，就算要他们加班也无所谓，因为当他们在做自己想做的事情时，可以从中得到了充实感与满足感，也会产生源源不绝的智慧和创意。

相反的，即使我们的个性很适合当个业务员，但要是我们自己很讨厌这个行业的话，那么我们就绝对不会在这个行业里获得成功，只会让我们的压力不断累积罢了，我们既没有去做的动力，也没有办法发挥自己的能力。那些优秀的业务员，并不都全是外向的人，也有人是相当内向的。本来，那些“适性”、“适职”就是不存在的东西，因为掌握成功的关键在于我们到底想不想去做、到底有没有兴趣。

如果我们“无论如何都想去做”、“一定要去做做看”的话，那么我们的意志就能够让我们变得“适性”了。而我们只要有那样的决心，即使当时的情况相当地严苛，又得面对不少危机，但还是不会改变自己的生活方式的，如此一来，我们就能获得成功。

皮格马利翁效应

无论我们对别人有什么期望，只要去找，就可以发现。我们想看见什么样的人，我们就看得见。

对别人有什么看法，是我们创造出来的，我们对别人的看法很容易就成为事实。当我们期望某人如何时，他就会以各种不同方式呈现出来。这就称为效应。皮革马利翁效应又称为预期效应。希腊神话里的艺术家皮革马利翁，爱上自己雕刻的美女，结果雕像变成活生生的女子，成为皮革马利翁的爱人。

皮革马利翁效应：我对某个人的任何期望，都能实现。所以，我的论点永远是对的。无论我如何期望某人，事实将证明我没有错，我再也不必怀疑。

这样，我们就成为一个能够“梦想成真”的人。我们可以在他人身上寻求证据，证明“我是对的”。

我们的想法是可塑的。

再者，与我们相处的人，可以感受到我们对他的期许，通常，他们都能让我们的期许成为现实。

如果我们设想某人是个“无趣的人”，那么也很容易，而且通常那人相当不自觉地成为一个“无趣的人”，证明我们的想法是正确的。

令人惊奇的是，我们可以改变对任何人的看法。

提醒我们这个事实，操控我们的想法的人，就是我们自己，现在再一次告诉自己：我为自己的想法负责。

重复地想：我可以改变对自己的看法。

我可以改变对他人的看法。

这是毋庸置疑而且是绝对有创造性的举动：我们可以改变自己的想法。

我们可以改变对他人的看法。

我们可以改变对自己的看法。

“黄金定律”让我们胜券在握

我们可能尝试，但却不可能改变“黄金定律”。宇宙至高无上的因果法则包含其他一切的真理。无论我们投注什么样的能量——一个想法、一句话或一项行动——终究如“回力棒”一般回归我们身上。我们向外传送到世上的正面和负面能量，都如雪球般滚回来，当它们返回时已达到相当的体积与速度。

如果我们撒下爱的种子，我们收割爱；撒下恨的种子则收割恨。这是个简单的概念，简单到许多人错知其深奥的意义。这一原则是决定我们在生命中收获什么的理由。如果我们希望接受生命丰富的祝福，它有赖我们自己去赢取。祝福不会以好运气的形态到来，它们是我们的努力或对人言行的结果。

宇宙的法则在古今历史纪录中俯拾皆是，不过其中最主要的一点，是帮助我们了解对自己生命影响力的责任。小利抱怨一整天顾客都对他不耐烦，而且不尊重，他相信他们之所以如此是因为他是个地毯店营业员。他并未了解，他自己的行为如何种下他将得之果的种子。当我们询问他怎么在顾客进门时和他们打招呼。“什么意思？我怎么和他们打招呼？我从不和他们打招呼。这不是迎宾马车，这是一家地毯店！”

“好吧，在他们购买时你是否询问他们有什么要求？”

“听着，医生，我想你没有明白我的意思。我经营地毯店，就是这样。他们要买地毯而我有地毯。什么帮忙？每件地毯上我都挂了标签，所有细节和价格都在上面。人们进来、找到他们要的、告诉我哪一件，然后付钱。”小利解释说。

“小利，你知道黄金定律吗？”他的眼珠子转来转去，仿佛正在窥探他的记忆，然后他耸耸肩说道：“不知道，当然不知道。”

接下来的几个小时，我们让他明白黄金定律，以及如何作用。当他传递出不想受干扰的想法时，他种下种子，使顾客同样以缺乏敬意的态度来对待他——和他对他们的感受是一样的。我们建议他开始问候他的顾客，并让他们知道如果需要帮忙的话他就在旁边。他抗拒这个想法但同意试试看。

种下诚恳关切客户的态度的种子一个月后，小利打电话告诉我们他收割了尊重，且创下获利的最高纪录。“现在我明白你为何称它为黄金定律了！”他说。尔后他补充道：“不，说真的，这确实奏效了，而且我省下了阿司匹林和制酸剂的钱。谢谢你，医生！”

与世无争

生活在多元化的社会，名利的追求、生活的享受，已经成了多数人竞求的目标。

长期生活在都市中的人们，来自生活及工作的压力很大，焦虑、紧张、神经质不能避免。但若能换个角度来正视这种内在和外在的挑战，也是一种福气，除非我们愿意成为一潭死水，否则，任何挑战，对心灵的成长、阅历的增进、人际关系的拓宽，都有很大的助益。

当然，竞争和挑战并不全然有益，有少数人在竞争场上失常，因而走上绝路。比如：为高考而自杀、为生意失败而服毒，甚至有人还为“女友结婚了，新郎不是我”而持刀行凶，杀死恋人……但这都不是社会发展的常态，只能说这些人因克服不了内在的争斗和矛盾，以致犯下不能挽救的过错。

处身在挑战重重的社会，对自我的认知及以超然的态度看待名利情爱是必要的。老子《道德经》中有这样一段话：“上善若水，水善利万物而不争。夫惟不争，故无尤。处众人之所恶，故机于道。居善地，心善渊，与善仁，言善信，正善治，事善能，劝善时。”

一个人立身处世，能如水赋形，无入而不自得，则不论遭逢任何横逆，都能不怨不尤，随遇而安；并能在凡事讲争先、处处谈功利的社会，逍遥自在、游刃有余了。

操纵热情

大部分人都会同意，对自己的工作有热情，如果不是必要的成功因素，也是大有帮助的。不过，许多人把有用的热情和亢奋或狂热的行为混为一谈。

热情有各种不同的形式。它可以是成功的驱策力，或者是卷起袖子，或是坚持漫长的工作时间。这种“亢奋”的热情可能很令人兴奋，甚至会上瘾。不过，它的问题是，它会耗尽我们的精力，而且很累人。它的动力来自外在的源头，紧迫的“截稿时间”和小题大作。因为这种热情类型的外在本质，总是带着一点恐惧的味道：“只要一切都顺遂，我就爱这种感觉。”这种热情也会变得无聊。我们只有在有压力有兴奋的事情发生时，才能得到乐趣。我们将时间消磨在等待和寻找更大的兴奋上。

另一种比较镇定的热情是所谓的放松的热情。这是一种包容、“没有时间压力”的感觉，它渗透在我们所做的每一件事中。任何事都带来喜悦和成功。这种感觉不但不狂热，而且更像快活与热心。这是一种比较镇定的兴奋。它可以说是一种没有忧虑的兴奋：“我就是喜欢这样，因为我被我所做的事情吸引了。”

引发这种热情的方法就是学习将我们的注意力完全保持在当下。任何时刻都试着一次只做一件事情，而且对象“在一起”。不要分心，要专心。如果我们的心飘走了，请温柔地将它带回此时此刻。我们所做的任何事情——准备一份报告、向一个团体演讲、解决一个问题、想出一个点子、从事一件困难的工作等等——都是放松热情的潜在来源。它不是来自兴奋、外在的冒险，而是来自我们自己的注意力，我们的想法。我们之间有太多人活在过去或未来。当我们的心思专注在此时此刻，就可以将热情带进我们的人生和事业中。我们专注的洞察力将会大幅提升，我们的创意和创造力也是如此。